ITIS

經濟部技術處108年度專案計畫

2019資訊軟體暨服務產業年鑑

中華民國108年9月30日

序

　　2018 年在雲端運算、巨量資料與行動應用等資通訊科技基礎建設漸趨完備的發展趨勢下，人工智慧、雲端運算、金融科技新興技術應用逐漸成熟，各種以軟體為主的創新應用不斷發展，也成為當前資訊軟體與服務的關注焦點。全球資訊服務與軟體產業正在醞釀新的產業革命，國際大廠藉由開放的雲端與人工智慧工具套件、透過結盟合作等策略來建置與擴張生態系，而臺灣資訊服務廠商憑著優異的系統整合能力，在資訊軟體業扮演要角。

　　展望 2019 年，美中貿易戰導致全球總體經濟變化及全球供應鏈轉移，臺灣資訊服務業者應密切觀察其衍生效應，在硬體基礎上，持續發展高附加價值的軟體應用與服務，並建立國際資通訊平台，積極布局新興應用領域，包含智慧製造、智慧醫療、智慧零售、金融科技等，並於資訊安全、雲端應用、人工智慧演算法等領域投入人才培育，培養具垂直領域的系統整合人才。

　　在全球市場快速變化、數位轉型浪潮興起與典範轉移之際，如何引導產業從市場需求發展跨領域的軟體應用服務，並配合政府的創新產業政策，驅動提升臺灣的資訊服務與軟體產業競爭力，實為當前產業發展的重要挑戰。在經濟部技術處的長期支持與指導下，《2019 資訊軟體暨服務產業年鑑》順利出版。本年鑑探討全球與臺灣資訊服務暨軟體市場的發展現況與動態，剖析最新資訊軟體產業發展概況與趨勢，對政府研擬產業政策、企業組織策略規劃及學界進行產業研究，皆有所助益，也期盼能協助臺灣各產業和政府部門發展數位轉型的創新

模式。

財團法人資訊工業策進會　　執行長

中華民國 108 年 9 月

編者的話

　　《2019資訊軟體暨服務產業年鑑》主要收錄臺灣2019年資訊服務暨軟體市場發展現況與動態。本年鑑邀請資訊服務與軟體產業相關領域之多位專業產業分析師共同撰寫，內容不但涵蓋全球與臺灣資訊服務與軟體市場的發展現況、廠商動態等，亦包含產業趨勢與規模預估，以及產業展望探討。期盼本年鑑中的資訊能提供給資訊服務業者、政府單位，以及學術機構等，作為擬訂決策或進行學術研究時的參考工具書。

　　本年鑑除了彙整及分析整體資訊軟體暨服務市場動態之外，亦針對領域進行觀測及發展動態追蹤，以強化年鑑內容豐富度。除此之外，本年鑑亦加人工智慧應用、資訊安全及金融科技之創新資訊應用等熱門議題，期能反映近期資訊服務與軟體市場的關注焦點。年鑑內容總共分為六章，茲將各章之內容重點分述如下：

第一章：總體經濟暨產業關聯指標。本章內容包含全球與臺灣經濟發展指標與產業關聯重要指標兩大區塊，俾使讀者能掌握近年總體經濟表現狀況與主要地區資訊服務與軟體市場之發展。

第二章：資訊軟體暨服務市場總覽。本章分述全球與臺灣資訊服務與軟體市場發展現況，包括各主要地區之市場動態、行業別市場規模、主要業別資訊應用現況，以及品牌大廠動態等，讓讀者得以快速掌握資訊服務與軟體市場的發展脈動。

第三章：全球資訊軟體暨服務市場個論。本章探討全球系統整合、資訊委外、雲端服務、企業解決方案、大眾套裝軟體與嵌入式系統等資訊服務領域，除了分析產業趨勢、產業動態，亦闡述該領域業務之未來發展狀況。

第四章：臺灣資訊軟體暨服務市場個論。此章進一步聚焦臺灣系統整合、資訊委外、雲端服務、資訊安全領域，除了分析產業趨勢、產業動態，亦闡述該領域業務之未來發展狀況。

第五章：焦點議題探討。本章針對人工智慧、資訊安全以及金融科技之創新資訊應用分析等議題進行剖析。內容包括產業趨勢、資訊應用趨勢與服務模式等，以提供讀者有關資訊服務新興議題之相關情報。

第六章：未來展望。本章針對資訊技術發展、產業發展趨勢、行業發展機會與展望，分別總結研究內容以供政府單位在制定產業政策時，以及相關業者在擬定企業決策時之參考。

附　錄：全球主要國家或地區之資訊服務與軟體產業政策，以及中英文專有名詞對照表，以供讀者作為補充參考之用。

本年鑑內容涉及之產業範疇甚廣，若有疏漏或偏頗之處，懇請讀者踴躍指教，俾使後續的年鑑內容更加適切與充實。

《2019 資訊軟體暨服務產業年鑑》編纂小組　謹誌

中華民國 108 年 9 月

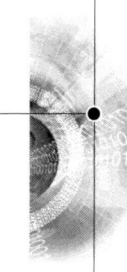

目 錄

第一章 總體經濟暨產業關聯指標 1
   一、全球經濟發展指標 1
   二、產業關聯重要指標 8

第二章 資訊軟體暨服務市場總覽 13
   一、全球市場總覽 16
   二、臺灣市場總覽 27

第三章 資訊軟體暨服務市場個論 39
   一、系統整合 39
   二、資訊委外 45
   三、雲端服務 51
   四、資訊安全 57

第四章 臺灣資訊軟體暨服務市場個論 63
   一、系統整合 63
   二、資訊委外 68
   三、雲端服務 72
   四、資訊安全 77

第五章 焦點議題探討 81
   一、人工智慧應用趨勢 81
   二、資訊安全應用趨勢 91
   三、金融科技應用趨勢 94

第六章　未來展望 103
　　一、資訊軟體暨服務應用趨勢 103
　　二、臺灣資訊軟體暨服務產業展望 113
附錄 123
　　一、中英文專有名詞對照表 123
　　二、近年資訊軟體暨服務產業重要政策與計畫觀測 126
　　三、參考資料 141

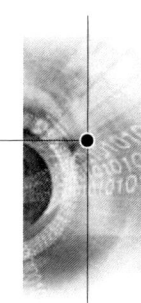

Table of Contents

Chapter 1   Macroeconomic and Industrial Indicators 1
           1. Global Economy Indicators 1
           2. Industial-Related Indicators 7

Chapter 2   ICT Software and Service Market Overview 13
           1. Global Market 16
           2. Taiwan's Market 27

Chapter 3   Development of Global IT Software and Service Market Segments 39
           1. System Integration 39
           2. Information Outsourcing 45
           3. Cloud Service 51
           4. Information Security 57

Chapter 4   Development of Taiwan's IT Software and Service Market 63
           1. System Integration 63
           2. Information Outsourcing 68
           3. Cloud Service 72
           4. Information Security 77

Chapter 5   Top Issues 81
           1. Applications and Trends of AI 81
           2. Applications and Trends of Information Security 91
           3. Applications and Trends of Fintech 94

Chapter 6   Future Outlook for the ICT Software and Service Industry 103

1. Global IT Software and Service Industy Outlook.......................... 103

2. Taiwan's IT Software and Service Industy Outlook..................... 113

Appendix 123

1. List of Abbreviations... 123

2. Summary of Key Policies and Plans of the IT Software and Service Industry 125

3. Reference... 140

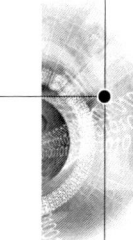

圖 目 錄

圖 2-1	全球資訊服務暨軟體市場規模	17
圖 2-2	全球資訊服務市場規模	18
圖 2-3	全球系統整合市場規模	19
圖 2-4	全球資料處理市場市場規模	20
圖 2-5	全球軟體市場規模	21
圖 2-6	臺灣資訊服務暨軟體產業產值分析	28
圖 2-7	臺灣資訊服務暨軟體產業次產業分析	29
圖 2-8	臺灣系統整合業產值分析	30
圖 2-9	臺灣系統整合業次產業分析	30
圖 2-10	資料處理資料處理產業產值分析	31
圖 2-11	臺灣資料處理與資訊供應服務業次產業分析	32
圖 2-12	臺灣軟體產業產值分析	32
圖 2-13	臺灣軟體設計產業產值分析	33
圖 2-14	臺灣軟體經銷產業產值分析	34
圖 2-15	臺灣軟體業次產業分析	35
圖 2-16	臺灣資訊服務暨軟體產業結構	36
圖 3-1	2017-2018 年前 5 大雲端基礎架構服務供應商市占率	52
圖 5-1	不同深度學習神經網路的準確度及運算需求	82
圖 5-2	用 Facebook Habitat 的模擬環境訓練機器人路徑規劃	84
圖 5-3	DeepFake 的女主角換臉	85

圖 5-4	Style2paints 將原本黑色的漫畫草圖進行上色	85
圖 5-5	Google 的 MorphNet 的深度學習網路模型最佳化	87
圖 5-6	運用著色後的鏡框來混淆深度學習網路的判讀	89
圖 5-7	IBM QRadar Advisor with Watson 資安威脅情報服務	94

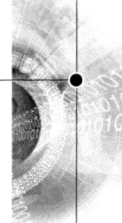

表目錄

表 1-1　全球與主要地區經濟成長率 2

表 1-2　全球主要國家經濟成長率 3

表 1-3　全球主要國家消費者物價變動率 4

表 1-4　臺灣重要經濟數據統計 5

表 1-5　臺灣對主要貿易地區出口概況 6

表 1-6　臺灣工業生產指數 7

表 1-7　2017-2018 年全球數位競爭力排名前 20 名國家與名次變化 9

表 1-8　2014-2018 年全球電子化政府程度評比前 10 名國家 10

表 1-9　2014-2018 年臺灣資訊服務暨軟體業廠商家數 11

表 1-10　2015-2018 年臺灣資訊服務暨軟體業對 GDP 貢獻度 11

表 1-11　2014-2018 年臺灣資訊服務暨軟體業就業人數 12

表 1-12　2014-2018 年臺灣資訊服務暨軟體業勞動生產力 12

表 2-1　資訊服務暨軟體市場主要分類與定義 13

表 2-2　資訊服務市場定義與範疇 16

表 2-3　資訊軟體市場定義與範疇 15

表 5-1　ML Perf 評估基準 88

表 5-2　IBM 資安產品及服務方案列表 93

表 6-1　新興科技對於資訊暨軟體產業成長影響 113

表 6-2　臺灣資訊暨軟體產業行業機會 119

第一章 ｜ 總體經濟暨產業關聯指標

一、全球經濟發展指標

（一）全球重要經濟數據

1. 經濟成長率（國內生產毛額變動率）

國內生產毛額（Gross Domestic Product，GDP）係指在單位時間內，國內生產之所有最終商品及勞務市場價值總和。國內生產毛額變動率不但呈現出該國當前經濟狀況，亦是衡量其發展水準的重要指標，因此一國之經濟成長率通常以國內生產毛額變動率表示。而將一經濟體或地區各國之國內生產毛額加總，並計算其變動率，即可得到該經濟體或地區之經濟成長率。

綜覽全球，經濟持續復甦，自 2018 年以來經濟方面的好消息不斷，在金融市場及製造業與貿易領域的復甦支持之下，經濟成長高於預期。根據國際貨幣基金（International Monetary Fund，IMF）於 2019 年 7 月所發布的數據顯示，2018 年全球經濟成長率約 3.7%，2019 年預估 3.2% 以及 2020 年的 3.5%。

觀察 2018 年各地區經濟表現，在先進經濟體中，歐元區的經濟成長下降至 1.9%，相較於 2017 年下降 0.5%；在新興市場與經濟體中，經濟成長幅度最高者仍屬亞洲開發中國家，2018 年經濟成長率達 6.4%，惟經濟成長亦逐年趨緩；經濟成長幅度最低者則為拉美與加勒比海地區，2018 年經濟成長率為 1.0%，相較於 2017 年下降 0.2%。

回顧 2018 年，IMF 對經濟表現保持樂觀，全球經濟成長率達 3.6%，略低於 2017 年。從經濟體來看，先進經濟體的經濟表現逐步回穩，在 2018 年擁有 2.2% 的經濟成長，相較於 2017 年表現略低；而新興市場與經濟體部分亦維持成長跡象，2018 年經濟成長率達 4.5%，略低於 2017 年的 4.8%。新興市場的成長主力來自於亞洲開

發中國家以及新興市場與經濟體，尤其亞洲開發中國家近年成長加速，2018年經濟成長率達到6.4%後，2019年可望持續穩健成長。

而近年相對低迷的地區，則包括獨立國協地區、拉丁美洲及加勒比海地區，獨立國協地區2018年小幅成長，達到2.7%；拉丁美洲及加勒比海地區成長率1.2%降至1.0%；中東與北非地區則由於地緣政治等複雜的非經濟因素，使得經濟成長情形較不穩定，預期未來油價會持續處於低檔，讓中東與北非的產油國面臨許多挑戰，2018年出現小幅衰退，經濟成長率降至1.6%，低於2017年的2.1%。

表1-1　全球與主要地區經濟成長率

區域／年	2017	2018	2019（e）	2020（f）
全球	3.8%	3.6%	3.2%	3.5%
先進經濟體	2.4%	2.2%	1.9%	1.7%
歐元區	2.4%	1.9%	1.3%	1.6%
新興市場與經濟體	4.8%	4.5%	4.1%	4.7%
新興歐洲	6.1%	3.6%	1.0%	2.3%
亞洲開發中國家	6.6%	6.4%	6.2%	6.2%
拉美及加勒比海	1.2%	1.0%	0.6%	2.3%
中東及北非	2.1%	1.6%	1.0%	3.0%
獨立國協	2.2%	2.7%	1.9%	2.4%

資料來源：IMF、資策會MIC經濟部ITIS研究團隊整理，2019年9月

回顧2018年全球各主要國家經濟成長率（國內生產毛額變動率）有所維持，這一個趨勢有望持續至2019年，且在大宗商品部份價格恢復的支撐之下，對大宗商品出口國的經濟壓力可望舒緩，增強新興國家的經濟活動，當前需注意的是美國加息腳步快於預期，可能導致全球金融狀況快速緊縮，美元升值對於弱勢的經濟體產生衝擊。

第一章 總體經濟暨產業關聯指標

在歐美國家方面,美國 2018 年經濟成長率在 2.9%,相較於 2017 年表現較優,而英國呈現稍微衰退,英國受到脫歐影響,2018 年經濟成長率為 1.4%。

亞洲國家方面,亞太地區最大經濟體的近期前景依舊強勁,受到中國大陸與日本推出的政策刺激措施所影響,增長的態勢持續提升,但是近期全球金融環境緊縮可能會引發資本流動出現波動,且貿易戰也將對亞洲產生重大影響,加上地緣政治的緊張局勢和國內政治的不確定性為各國的經濟前景造成負面衝擊。

在 2018 年經濟成長普遍較為趨緩,近年表現相對亮眼的中國大陸經濟成長率略微下降,來到 6.6%,而日本表現相對低迷,2018 年成長率下滑至 0.8%。預估 2019 年美國經濟成長率將達 2.6%、英國將達 1.3%、日本將達 0.9%、中國大陸將達 6.3%。

美中貿易摩擦威脅全球經濟發展,也對其他國家產生重大的負面擴散作用,顯示貿易方面的政策失誤恐不利景氣回升,應密切專注貿易戰與全球景氣放緩的問題。

表 1-2 全球主要國家經濟成長率

國別／年	2017	2018	2019（e）	2020（f）
美國	2.2%	2.9%	2.6%	1.9%
日本	1.9%	0.8%	0.9%	0.4%
德國	2.2%	1.4%	0.7%	1.7%
法國	2.3%	1.7%	1.3%	1.4%
英國	1.8%	1.4%	1.3%	1.4%
韓國	3.1%	2.7%	2.6%	2.8%
新加坡	3.9%	3.2%	2.3%	2.4%
香港	3.8%	3%	2.7%	3%
中國大陸	6.8%	6.6%	6.3%	6.1%

資料來源:IMF,資策會 MIC 經濟部 ITIS 研究團隊整理,2019 年 9 月

2. 消費者物價變動率

消費者物價指數（Consumer Price Index，CPI）乃是衡量通貨膨脹的主要指標，反映與居民生活有關的產品及勞務價格之物價變動情形。一般而言，當變動率高於2.5%則表示國家面臨通膨壓力。大部分國家通常將消費者物價變動率控制在1~2%，至多5%內，以達到刺激經濟發展的效果。

綜觀全球主要國家2018年消費者物價變動率，絕大多數無通膨疑慮。整體而言，主要國家的通膨情況仍相當溫和。展望2019年，大部分國家仍處於溫和的通膨情況。

表 1-3　全球主要國家消費者物價變動率

國別／年	2017	2018	2019（e）	2020（f）
美國	2.1%	2.4%	2%	2.7%
日本	0.5%	1%	1.1%	1.5%
德國	1.7%	1.9%	1.3%	1.7%
法國	1.2%	2.1%	1.3%	1.5%
英國	2.7%	2.5%	1.8%	2%
韓國	1.9%	1.5%	1.4%	1.6%
新加坡	0.6%	0.4%	1.3%	1.4%
香港	1.5%	2.4%	2.4%	2.5%
中國大陸	1.6%	2.1%	2.3%	2.5%

資料來源：IMF，資策會MIC經濟部ITIS研究團隊整理，2019年9月

（二）臺灣重要經濟數據

受到全球景氣好轉，2018年臺灣經濟成長率來到2.63%。由於臺灣屬小型且高度開放的經濟體，對外貿易依存度高，容易受到國

際景氣影響,且出口高度集中於電子資通訊產品,受到單一產業景氣影響亦較大。近年全球貿易成長回溫,國內之半導體具有製程領先的優勢,加上車用電子、智慧聯網等新興需求提升,推升臺灣出口動能,此外主要貿易夥伴經濟逐漸復甦也推升臺灣經濟活動發展。

在消費者物價指數(CPI)變動率方面,2018 年消費者物價指數變動率為 1.35%,較 2017 年的 0.62%上升,根據主計總處分析,主要因為食物類物價成長所致。然而 2018 年受到油價低點反彈以及一例一休政策的影響,消費者物價指數會持續升高。

在躉售物價指數(Wholesale Price Index,WPI)變動率方面,2018 年躉售物價指數變動率 3.63%,據主計總處分析,因受到基本金屬、化學材料與石油及煤製品類價格上漲所致,電價調降抵銷了部分的漲幅。在工業生產指數方面,年增率達 3.65%,由於全球景氣回升、電子零組件業推升指數成長,另外臺灣積體電路具有製程領先的優勢且面板出口持續擴增,表現亮眼。

表 1-4 臺灣重要經濟數據統計

項目／年	2014	2015	2016	2017	2018
經濟成長率	4.02%	0.81%	1.51%	3.08%	2.63%
國內生產毛額（GDP）（百萬美元）	530,519	525,562	531,281	574,940	589,997
出口總值（百萬美元）	320,092	285,343	280,321	317,249	335,908
消費者物價（CPI）變動率	1.20%	-0.30%	1.39%	0.62%	1.35%
躉售物價（WPI）變動率	-0.56%	-8.85%	-2.98%	0.90%	3.63%
工業生產指數年增率	6.37%	-1.75%	1.42%	2.90%	3.65%

資料來源:行政院主計處,資策會 MIC 經濟部 ITIS 研究團隊整理,2019 年 9 月

在對外出口貿易部分，2018 年臺灣整體出口貿易總額逐漸回穩，究其原因為歐、美、日等先進國家經濟表現欠佳，新興市場成長動力減速，全球經濟疲軟無力，臺灣出口貿易成長動能受限，然車用電子與智慧聯網的新興應用帶動半導體需求，臺灣出口得以提振。在各貿易地區當中，2018 年對亞洲及美國出口衰退幅度減緩，對歐洲則是小幅成長，亞洲地區對中國大陸主要成長在電子零組件部分，次之為資通與視聽產品，而對東協則是以機械、電機產品、紡織品及貴金屬衰退較多。

表 1-5　臺灣對主要貿易地區出口概況

單位：仟美元

國別／年	2014	2015	2016	2017	2018
亞洲地區	227,571,932	201,676,912	200,709,038	229,711,710	241,895,393
歐洲地區	29,122,220	25,963,548	26,220,511	29,155,390	31,570,369
北美洲	37,567,938	36,904,537	35,565,085	39,147,461	42,233,119
中美洲	2,989,545	3,192,414	2,866,578	3,087,603	3,340,991
南美洲	3,611,249	2,777,697	2,290,569	2,629,916	2,752,670
中東	8,323,997	7,000,397	5,942,396	6,399,605	6,067,973
非洲	2,831,004	2,453,055	1,920,842	1,878,283	2,112,765
大洋洲	4,668,731	4,262,226	3,843,971	4,043,090	4,434,699
總計	320,092,053	285,343,561	280,321,369	317,249,072	335,908,608

資料來源：財政部，資策會 MIC 經濟部 ITIS 研究團隊整理，2019 年 9 月

在工業生產指數方面，以 2016 年為基期，2018 年工業生產指數為 108.83，為歷年最高，相較於 2017 年工業生產動能呈現回升的跡象。

第一章　總體經濟暨產業關聯指標

在資訊通訊產業方面，主因受美中貿易摩擦影響，伺服器、通訊設備零件廠商提高國內產能因應，隨身碟、工業電腦、固態硬碟及電腦設備零件的表現相對較佳。

隨著全球經濟成長動能放緩、消費性電子產品需求轉弱，以及美中貿易摩擦，將抑制臺灣製造業生產動能，惟人工智慧、物聯網、車用電子、高效能運算等新興科技應用持續擴展，可望挹注我國製造業生產動能逐漸回升。

展望 2019 年，根據主計總處預測，經濟成長率相較於 2018 年預測數字下修至 2.27%，當前國際市場上存在許多潛在的風險與挑戰，包括美國貨幣政策走向與保護主義、國際油價與原物料價格趨勢、重要經濟體的財政、債務與地緣政治等經濟危機等，將可能對臺灣的經貿活動產生衝擊。中國大陸供應鏈自主化戰略、以及兩岸政治關係則可能對臺灣造成各種國際出口之替代排擠效應、人才流失等足以動搖國本之問題，為此臺灣需審慎以對，運用策略智慧因應國際情勢變動，以掌握先機、再創榮景。

表 1-6　臺灣工業生產指數

項目／年	2014	2015	2016	2017	2018
工業生產指數	99.34	98.07	100.00	105.00	108.83
礦業及土石採取業	118.44	110.70	100.00	98.00	94.42
製造業	99.28	98.13	100.00	105.27	109.41
電力及燃煤供應業	99.08	96.68	100.00	102.22	102.62
用水供應業	101.82	99.50	100.00	101.30	101.39

資料來源：行政院主計處，資策會 MIC 經濟部 ITIS 研究團隊整理，2019 年 9 月

二、產業關聯重要指標

（一）國際重要資訊指標

1. IMD 全球數位競爭力排名

長期以來，瑞士洛桑國際管理學院（International Institute for Management Development，IMD），每年發布的全球數位競爭力評比報告不僅受到國際重視，亦是重要參考指標。有鑑於資通訊科技發展與應用，常被視為提升國家競爭力的關鍵，洛桑國際管理學院著手建置一評估架構，以完整的分析構面與指標來衡量各國之「數位競爭力」（World Digital Competitiveness Ranking，DCR）。DCR 的分析架構大致分為三大面向，第一、知識指數（Knowledge）：評估項目包括人才、教育訓練與科技知識的滲透度；第二、科技指數（Technology）：評估項目包括管制框架、科技資本相關以及科技的可用性；第三、未來準備狀態（Future Readiness）：評估項目包括科技採用態度、商務靈活性與資訊科技整合性。目前 IMD 的全球數位競爭力排名可謂全球最具代表性的國家資通訊競爭力指標。根據 2019 年發布之 2018 年評比結果，新加坡的數位競爭力在全球 143 個國家中排名第 1，成功站上領先地位。其次為香港、美國。臺灣則排名第 16，較 2017 年上升 1 個名次，顯示臺灣近年致力推動提升國家資通訊競爭力頗具成效。其他名次上升較多者，包括愛爾蘭與卡達，排名下降較多者，則包括加拿大、挪威。

表 1-7　2018-2019 年全球數位競爭力排名前 20 名國家與名次變化

國家／年	2018 年名次	2019 年名次	名次變化
新加坡	3	1	▲2
香港	2	2	-
美國	1	3	▼2
瑞士	5	4	▲1
阿聯	7	5	▲2
荷蘭	4	6	▼2
愛爾蘭	12	7	▲5
丹麥	6	8	▼2
瑞典	9	9	-
卡達	14	10	▲4
挪威	8	11	▼3
盧森堡	11	12	▼1
加拿大	10	13	▼3
中國大陸	13	14	▼1
芬蘭	16	15	▲1
臺灣	17	16	▲1
德國	15	17	▲2
澳大利亞	19	18	▼1
奧地利	18	19	▼1
冰島	24	20	▲4

資料來源：IMD，資策會 MIC 經濟部 ITIS 研究團隊整理，2019 年 9 月

2. Waseda 電子化政府評比

電子化政府（e-Government）的發展程度可反映出一國公共行政服務的便利性，並透露出國家資訊素養的高低。為了評估各國政府電子化程度，日本早稻田大學（Waseda University）近十年與亞太經濟合作會議（Asia-Pacific Economic Cooperation，APEC）合作發展相關評比指標，對各國電子化政府的推動情形作出完整評比，並為各國政府電子化程度評分。

根據2018年發布的評比結果，丹麥超越新加坡成為第1，評分達94.82；新加坡的電子化政府第2，評分達93.84；英國位居第3，評分達91.92；愛沙尼亞與美國分別佔據第4名與第5名，評分分別為91.13及90.34；臺灣則爬升至第9名，評分為80.38，持續保持全球前10名之列，足見近年臺灣發展國家資訊素養與電子化政府的努力。

表1-8　2014-2018年全球電子化政府程度評比前10名國家

名次	2014	2015	2016	2017	2018	評分
1	美國	新加坡	新加坡	新加坡	丹麥	94.82
2	新加坡	美國	美國	丹麥	新加坡	93.84
3	韓國	丹麥	丹麥	美國	英國	91.92
4	英國	英國	韓國	日本	愛沙尼亞	91.13
5	日本	韓國	日本	愛沙尼亞	美國	90.34
6	加拿大	日本	愛沙尼亞	加拿大	韓國	85.50
7	愛沙尼亞	澳洲	加拿大	紐西蘭	日本	84.49
8	芬蘭	愛沙尼亞	澳洲	韓國	瑞典	81.70
9	澳洲	加拿大	紐西蘭	英國	臺灣	80.38
10	瑞典	挪威	英國、臺灣	臺灣	澳洲	80.25

資料來源：Waseda University、International Academy of CIO，資策會MIC經濟部ITIS研究團隊整理，2019年9月

（二）臺灣重要資訊指標

1. 廠商家數

根據財政部統計處之營利事業家數資料顯示，2017 年符合資策會 MIC 資訊軟體暨服務廠商家數約 11,950 家。來到 2018 年，在景氣復甦、數位轉型需求升溫、全球行動應用 App 與新興科技應用如：擴增實境（Augmented Reality，AR）、虛擬實境（Virtual Reality，VR）及物聯網（Internet of Things，IoT）等開發趨勢下，持續推升臺灣整體資訊服務暨軟體廠商家數成長，2018 年臺灣整體資訊服務暨軟體廠商家數達到 12,680 家。

表 1-9　2014-2018 年臺灣資訊服務暨軟體業廠商家數

	2014	2015	2016	2017	2018
廠商家數（仟家）	9.95	10.52	11.2	11.95	12.68

資料來源：資策會 MIC 經濟部 ITIS 研究團隊整理，2019 年 9 月

2. 對 GDP 的貢獻度

近年臺灣資訊及通訊服務業業者整體營收表現呈現小幅下降，綜觀 2015 年至 2018 年臺灣資訊軟體暨服務產業對我國 GDP 貢獻度，從 2.93%稍微下降至 2.68%，但在景氣逐漸回暖、物聯網應用發展與企業數位轉型需求驅動下，2019 年資訊服務暨軟體產業對臺灣 GDP 貢獻度可望進一步提升。

表 1-10　2015-2018 年臺灣資訊服務暨軟體業對 GDP 貢獻度

	2015	2016	2017	2018
對 GDP 貢獻度（%）	2.93%	2.91%	2.84%	2.68%

資料來源：資策會 MIC 經濟部 ITIS 計畫，2019 年 9 月

3. 就業人數

2018 年景氣復甦逐漸好轉,臺灣資訊軟體暨服務產業部分業者營收成長復甦,由於行動軟體與雲端服務市場動能持續延燒,加之數位轉型需求持續發酵,有助於提高資訊軟體暨服務廠商招募新員工的意願。此外,近年隨著行動應用軟體與手機遊戲、手機影音等風潮興起,吸引不少新創公司、團體加入軟體開發行列,政府擴大培育軟體人才亦促成 2018 年資訊軟體暨服務產業就業人數上升,人數達 25.8 萬人。

表 1-11　2014-2018 年臺灣資訊服務暨軟體業就業人數

	2014	2015	2016	2017	2018
就業人數(仟人)	246	247	249	249	258

資料來源:資策會 MIC 經濟部 ITIS 研究團隊整理,2019 年 9 月

4. 勞動生產力

此處勞動生產力指的是臺灣資訊服務暨軟體業生產總額除以就業人數所得到的數據,而生產總額則是以臺灣資訊服務暨軟體產業的總營收(產值)為計算基準。據估計,近年的勞動生產力逐步走升,至 2018 年約達 2,267 萬元新臺幣,預估 2019 年將進一步攀升。

表 1-12　2014-2018 年臺灣資訊服務暨軟體業勞動生產力

	2014	2015	2016	2017	2018
勞動生產力(仟元)	2,454	2,528	2,229	2,305	2,267

資料來源:資策會 MIC 經濟部 ITIS 研究團隊整理,2019 年 9 月

第二章 資訊軟體暨服務市場總覽

　　資訊軟體暨服務市場，依據其中產品功能與服務提供的模式，可分為資訊服務與資訊軟體二大區隔。資訊服務係指於資訊科技領域中，為用戶提供專業之基礎架構服務、開發部署服務、商業流程服務、顧問諮詢服務、軟體支援服務與硬體維運服務等全方面服務，主要以服務提供之價值獲取營收。而資訊軟體則是提供用戶所需之軟體產品，包括企業用戶所使用之應用軟體、資訊安全、資料庫、開發工具等軟體，消費大眾所使用的生產力、遊戲、行動應用、影音工具、系統軟體、應用軟體與工具軟體等。

表 2-1 　資訊軟體暨服務市場主要分類與定義

市場	區隔	次區隔
資訊服務	系統整合	根據使用者需求，提供之具專案特性之客製化資訊服務，其範疇包括從前端規劃、設計、執行、專案管理到後續顧問諮詢服務及資訊系統整合服務等。此類服務通常為專案形式進行，具高客製化特性，包含不同的平台與技術的整合，並透過合約定義專案範疇與規格
資訊服務	資料處理	資訊服務廠商以契約簽訂形式，協助企業進行資料處理、備份、回覆、主機及網站代管、入口網站經營、主機及網站代管、雲端服務等業務
資訊軟體	軟體設計	涵蓋企業與大眾應用之相關應用軟體設計、修改、測試等服務，應用於金融、醫療、流通業等行業，例如商業智慧、企業資源規劃（ERP）、顧客關係管理（CRM）、資訊安全等
資訊軟體	軟體經銷	從事作業系統軟體、應用軟體、套裝軟體與遊戲軟體之銷售與相關軟體的教育訓練，並協助客戶與消費者能夠使用其代理銷售的軟體

資料來源：資策會 MIC 經濟部 ITIS 研究團隊整理，2019 年 9 月

資訊軟體市場可分為軟體設計與軟體經銷。軟體設計涵蓋企業與大眾應用之相關應用軟體設計、修改、測試等服務，應用於金融、醫療、流通業等行業，例如商業智慧、企業資源規劃（ERP）、顧客關係管理（CRM）、資訊安全等。軟體經銷係指從事作業系統軟體、應用軟體、套裝軟體與遊戲軟體之銷售與相關軟體的教育訓練，並協助客戶與消費者能夠使用其代理銷售的軟體。

　　軟體係指安裝與運行於資通訊裝置之中，用以操控硬體功能，處理企業、大眾或系統所需資訊之程式。軟體產品市場之定義與範疇分別為企業解決方案、大眾套裝軟體，以及嵌入式軟體。其中企業解決方案之核心範疇主要專注於企業用戶之資訊系統的基礎架構、開發部署、商業流程等開發與建置所需的軟體。商用軟體主要安裝於伺服器主機，提供各行業企業管理所需要的應用方案。例如行業別軟體、企業資源規劃、客戶關係管理、產品研發、財會、進銷存、生產、薪資、整合溝通、網路管理、文件管理等。

　　資訊安全軟體提供資訊或系統讀取、儲存、傳遞等安全防護，以及藉由資訊安全產品為基礎所提供之加值應用服務，例如防毒、入侵偵測、加解密、網路通訊、文件安全管理等軟體。資料庫系統為提供數據或文件之儲存、搜尋與管理之軟體。開發工具為提供程式設計、撰寫、測試、編譯、部署與管理之工具軟體。套裝軟體之使用者主要為消費者，生產力軟體為安裝於個人終端，提升工作效率之軟體，例如文書、簡報、試算表、理財、統計、翻譯、輸入法等；遊戲軟體安裝於終端裝置，例如電腦遊戲、電視遊戲、掌上遊樂等；行動應用 App 為安裝於手機與平板的應用軟體，透過網路下載與付費使用。

表 2-2　資訊軟體市場定義與範疇

資訊軟體	次區隔	定義與範疇
軟體設計	程式設計	從事電腦軟體之設計、修改、測試及維護
	網頁設計	提供網頁設計之服務
軟體經銷	遊戲軟體	線上遊戲網站經營
	其他軟體經銷	包括非遊戲軟體經銷，如作業系統軟體、應用軟體、套裝軟體等經銷

資料來源：資策會 MIC 經濟部 ITIS 研究團隊整理，2019 年 9 月

　　資訊服務市場定義與範疇，以服務模式分類，可分為系統整合、與資料處理。系統整合之核心範疇主要專注於企業用戶之資訊系統的基礎架構、開發部署、商業流程等開發與建置服的服務。其中又包含顧問諮詢服務，主要針對企業做財務管理、風險管理與企業策略管理等經營面的商業顧問諮詢，以及與資訊科技或資訊系統直接相關的系統顧問諮詢。資料處理是指資訊服務廠商以契約簽訂形式，協助企業進行資料處理、備份、回覆、主機及網站代管、入口網站經營、雲端服務等業務。

表 2-3　資訊服務市場定義與範疇

資訊服務	次區隔	定義與範疇
系統整合	系統設計	提供用戶對於資訊系統之需求分析與功能設計服務
	系統建置	依據資訊系統規格,提供系統之實作、測試、修改或汰換等服務
	顧問諮詢	提供用戶對於資訊系統之導入評估與諮詢服務
	其他服務	從事上述以外之電腦系統設計服務,如電腦災害復原處理、軟體安裝等
資料處理	網站經營	利用網際網路資訊搜尋之網站經營,例如定期提供更新內容之媒體網站
	資料處理及主機代管	從事以電腦及其附屬設備,代客處理資料之行業,例如雲端服務、資料登錄、網站代管及應用系統服務

資料來源:資策會 MIC 經濟部 ITIS 研究團隊整理,2019 年 9 月

一、全球市場總覽

依據前述的資訊服務暨軟體市場定義與範疇,以下將分析全球市場規模與發展趨勢,並剖析全球資訊服務暨軟體大廠之發展動態。

(一)產業趨勢

綜觀全球資訊服務暨軟體市場,預估市場規模將由 2017 年的 1.5 兆美元成長至 2022 年的 2 兆美元,年複合成長率 5.2%。

第二章 資訊軟體暨服務市場總覽

	2017	2018	2019(e)	2020(f)	2021(f)	2022(f)	CAGR
資訊軟體	6,611	6,981	7,331	7,709	8,320	8,891	5.9%
資訊服務	8,775	9,161	9,561	10,023	10,564	11,139	4.6%
Total	15,386	16,142	16,892	17,732	18,884	20,030	5.2%
成長率		4.9%	4.6%	5.0%	6.5%	6.1%	

資料來源：資策會 MIC 經濟部 ITIS 研究團隊整理，2019 年 9 月

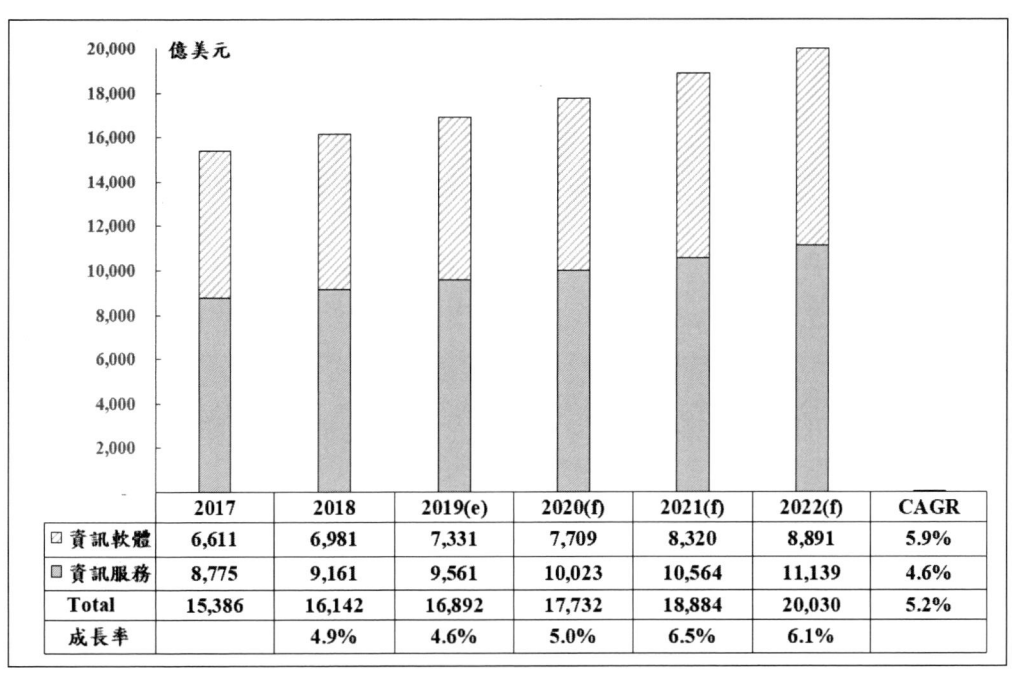

圖 2-1　全球資訊服務暨軟體市場規模

1. 資訊服務市場規模

全球資訊服務市場規模方面，雖然近年全球政經局勢動盪，但由於主要市場之政府與企業仍需持續發展業務，加之近年數位轉型發酵，推升資訊科技基礎建設以及資訊服務需求，使全球資訊服務市場規模穩定成長。

此外新興資通訊應用發展亦有助於推動全球資訊服務市場規模持續成長，其中雲端運算與巨量資料應用仍扮演主要角色，物聯網應用則可望接棒成為下一波資訊服務市場主要成長動能。根據 MIC 預估，全球資訊服務市場規模將由 2017 年的 8,775 億美元成長至 2022 年的 11,139 億美元，年複合成長率為 4.6%。

	2017	2018	2019(e)	2020(f)	2021(f)	2022(f)	CAGR
資料處理	5,174	5,434	5,710	6,036	6,426	6,848	5.3%
系統整合	3,601	3,727	3,851	3,987	4,138	4,291	3.6%
Total	8,775	9,161	9,561	10,023	10,564	11,139	4.6%
成長率		4.4%	4.4%	4.8%	5.4%	5.4%	

資料來源：資策會 MIC 經濟部 ITIS 研究團隊整理，2019 年 9 月

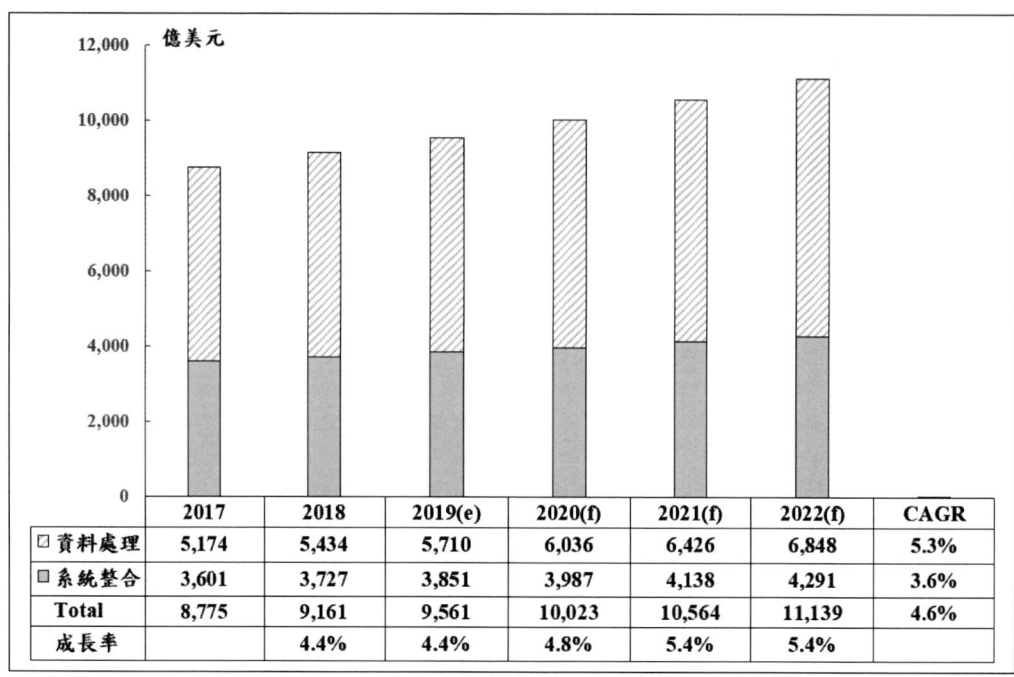

圖 2-2　全球資訊服務市場規模

(1) 系統整合市場規模

系統整合市場方面，在各種新興應用與服務驅動下，企業數位轉型預估將影響未來數年系統整合市場發展，整體走向亦逐漸由提供單一軟硬體科技的建置服務，轉為協助企業達成數位轉型的整體科技規劃服務。

根據 MIC 估計，全球系統整合市場將由 2017 年的 3,601 億美元成長至 2022 年的 4,291 億美元，年複合成長率為 3.6%。呈現平穩成長趨勢。其中各分項之複合成長率，以顧問諮詢最高，為 5.6%。其次為系統設計之 4.6%。系統建置則為 2.1%。

第二章 資訊軟體暨服務市場總覽

	2017	2018	2019(e)	2020(f)	2021(f)	2022(f)	CAGR
系統建置	1,889	1,926	1,957	1,991	2,040	2,083	2.1%
顧問諮詢	1,060	1,120	1,186	1,258	1,323	1,397	5.6%
系統設計	653	681	708	739	775	811	4.6%
Total	3,601	3,727	3,851	3,987	4,138	4,291	3.6%
成長率		3.5%	3.3%	3.5%	3.8%	3.7%	

資料來源：資策會 MIC 經濟部 ITIS 研究團隊整理，2019 年 9 月

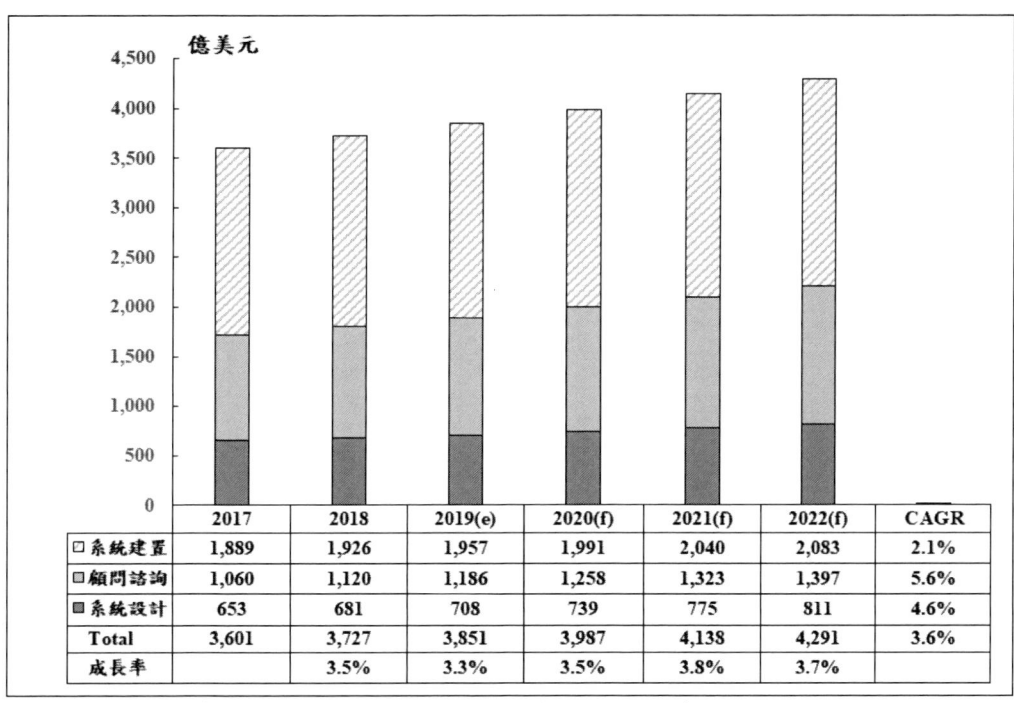

圖 2-3　全球系統整合市場規模

(2) 資料處理市場規模

資料處理市場包含委外與雲端，隨著雲端服務持續擴張發展之下，企業對雲端服務的接受度日漸增長，將取代基礎建設及應用軟體委外服務，傳統委外服務市場成長料將持續走低。根據 MIC 預估，全球資料處理市場規模將由 2017 年的 5,174 億美元成長至 2022 年的 6,848 億美元，年複合成長率為 5.3%。

```
8,000 ┬ 億美元
7,000 ┤
6,000 ┤
5,000 ┤
4,000 ┤
3,000 ┤
2,000 ┤
1,000 ┤
    0 ┴─────────────────────────────────────────────────
        2017    2018    2019(e)  2020(f)  2021(f)  2022(f)
```

	2017	2018	2019(e)	2020(f)	2021(f)	2022(f)	CAGR
委外	4,634	4,786	4,930	5,104	5,298	5,492	3.7%
雲端	540	648	780	932	1,128	1,356	20.2%
Total	5,174	5,434	5,710	6,036	6,426	6,848	5.3%
成長率		5.0%	5.1%	5.7%	6.5%	6.6%	

資料來源：資策會 MIC 經濟部 ITIS 研究團隊整理，2019 年 9 月

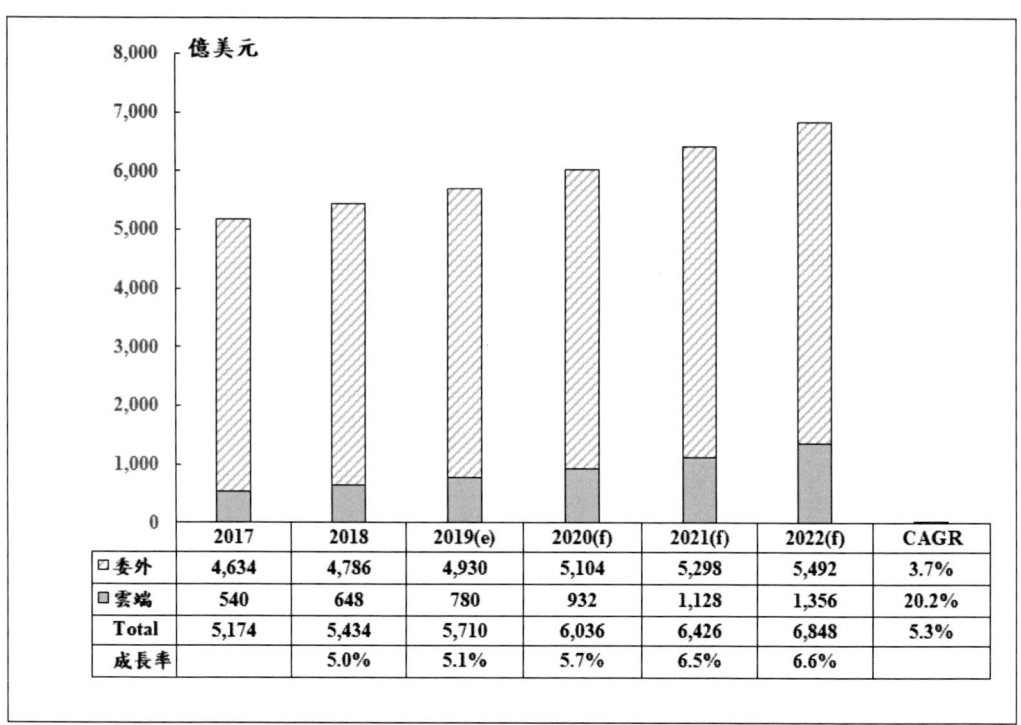

圖 2-4　全球資料處理市場市場規模

2. 軟體市場規模

全球軟體市場規模方面，傳統企業解決方案隨著雲端服務發展，需求成長恐逐漸趨緩。大眾套裝軟體則仰賴行動應用軟體的快速推陳出新，持續維持高幅度成長。受惠於物聯網的應用發展，各種感測裝置與智慧聯網的中介軟體需求升溫，規模成長可望持續擴大。根據 MIC 預估，全球軟體市場規模將由 2017 年的 6,611 億美元成長至 2022 年的 8,891 億美元，年複合成長率為 5.9%。

第二章 資訊軟體暨服務市場總覽

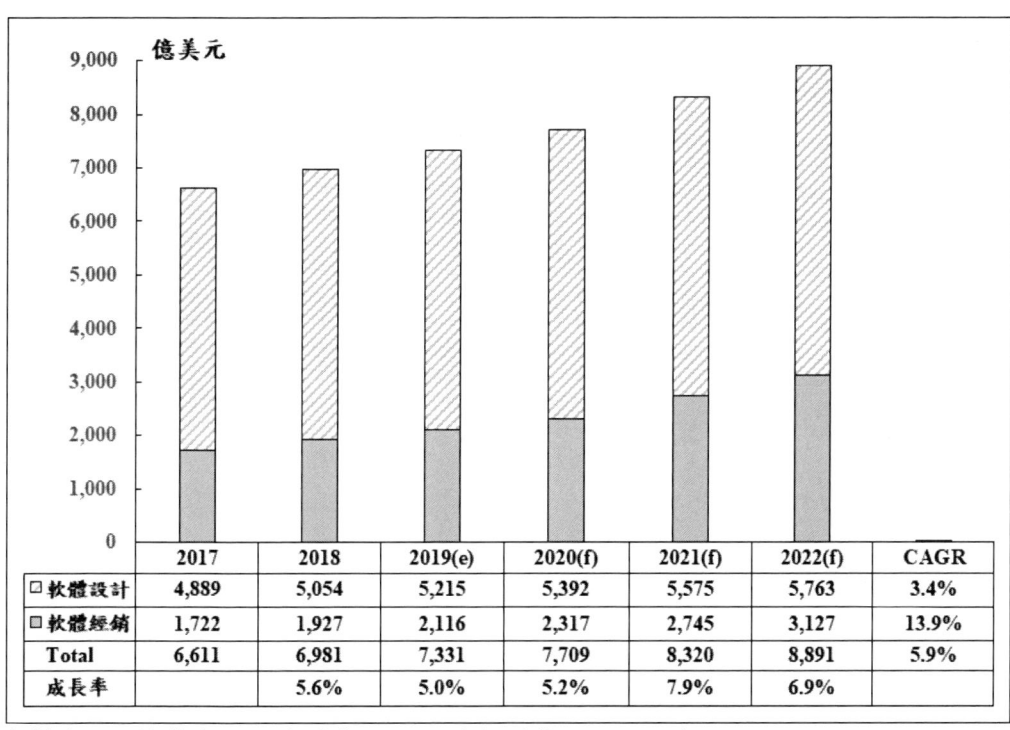

	2017	2018	2019(e)	2020(f)	2021(f)	2022(f)	CAGR
軟體設計	4,889	5,054	5,215	5,392	5,575	5,763	3.4%
軟體經銷	1,722	1,927	2,116	2,317	2,745	3,127	13.9%
Total	6,611	6,981	7,331	7,709	8,320	8,891	5.9%
成長率		5.6%	5.0%	5.2%	7.9%	6.9%	

資料來源：資策會 MIC 經濟部 ITIS 研究團隊整理，2019 年 9 月

圖 2-5　全球軟體市場規模

（二）大廠動態

1. HPE

惠普企業（Hewlett-Packard Enterprise Company，HPE）創立於 2015 年，總部位於美國加州聖塔克拉拉郡的帕羅奧圖市（Palo Alto）。2018 年營收約 308.5 億美元。

惠普企業由惠普（Hewlett-Packard Development Company，HP）分拆而來，HP 是全球電腦、印表機、資料儲存、數位影像以及資訊服務的領導廠商，主要優勢在於其產品與服務橫跨企業與消費者，其中企業資料儲存、數位影像與列印雖然不是其營收最大的事業單位，但因具備高度競爭力，仍在全球占有舉足輕重的地位。2015 年 11 月，HP 將公司一分為二，分拆為 HPI（HP Inc.）與 HPE，並由 HPI 負責硬體的開發與銷售，包括個人電腦與印表機，HPE 則專注

在雲端與伺服器相關的企業軟硬體解決方案，包括伺服器、儲存設備、網通設備以及相關的資訊顧問服務。

觀察 HPE 近年動態，積極透過部門分拆與併購重組產品部門、改善資源運用效率與競爭力。HPE 在 2019 年宣布將逐漸轉型為服務公司，並於 2022 年前透過訂閱服務、以量計價及其他形式提供產品組合，並持續以資本支出與授權模式提供軟硬體產品，讓客戶自由選擇以傳統方式或服務形式使用 HPE 產品與服務。

2. Microsoft

微軟（Microsoft）創立於 1975 年，總部位於美國華盛頓州雷德蒙德市（Redmond）。為全球軟體領導廠商，業務涵蓋研發、製造、授權以及提供廣泛的電腦軟體服務，並以個人電腦作業系統 Microsoft Windows、生產力應用程式 Microsoft Office 以及 XBOX 遊戲業務聞名。根據美國財富雜誌於 2018 年全球最大 500 家公司評選中，微軟排行第 71 名。

2018 年與商業軟體及服務相關營收約 1,104 億美元，年營收成長率約 14%，主要來自雲端服務與伺服器產品服務的成長。近年來隨著雲端運算興起，Microsoft 的營運模式逐漸轉變為以雲端服務模式為主。不僅改變 Microsoft 的通路布局策略，由過去實體套裝軟體的銷售模式，改由網路平台提供 Microsoft 自家雲端服務給終端使用者，交易模式從實體交易轉變為虛擬訂購，而過去負責銷售的代理經銷商，也將轉型為雲端通路開發商，負責協助企業導入雲端的顧問諮詢服務。

Microsoft 透過其主要的雲端服務 Windows Azure 建立起完整的生態系，企業若要使用 Azure，必須使用 Microsoft 的雲端資料中心才能執行自行開發的應用程式。對於企業而言優點是只需要專心在開發程式，而 Microsoft 會負責架構中軟硬體的管理維護工作，屬於雲端服務分類中的平台即服務（PaaS）類型。在作業系統之上，Microsoft 則打造 Azure 服務平台，提供模組化的服務，包括 SQL

Services、Share Point Services、Dynamics CRM Services。Microsoft 將這些既有的服務整合到 Azure 平台，提供完整的雲端運算平台服務。在軟體即服務（SaaS）方面，Microsoft 把服務整合在雲端辦公室解決方案 Windows Office 365，可在直接在雲端中使用 Office，方便使用者在各種裝置上存取電子郵件、行事曆、聯絡人管理，或透過雲端通訊服務舉行線上會議、建立協同合作網站。

觀察 Microsoft 近年重要發展動態，微軟 2018 年宣布跟 Adobe、SAP 合作推出「Open Data Initiative」計畫，主要是讓企業能把客戶資料透過微軟的雲端服務 Azure 的數據模型，讓資料可在不同平台中流通。人工智慧將是 2019 年以後微軟開發所有應用程式的基本特色，微軟將使用 Azure 實現人工智慧基礎架構、工具和服務的便民化，形成最全面的人工智慧工具組合。

3. IBM

國際商業機器股份有限公司（International Business Machines Corporation，IBM）創立於 1911 年，總部位於美國紐約州的阿蒙克市（Armonk），擁有將近 40 萬名員工，市值超過 1,000 億美元。IBM 挾其在軟硬體的強大研發與併購能量，加上全球綿密的行銷網路，成為全球數一數二的資訊軟體與服務領導業者，2018 年 IBM 全球資訊服務與軟體相關營收約達 795.9 億美元。

IBM 生產並銷售電腦硬體與軟體，同時結合系統整合以及顧問諮詢服務發展完整的解決方案。除了自行研發與製造，IBM 亦挾其營收規模，持續對具有特定優勢的廠商或事業單位進行併購，以擴大其營運領域或提高其競爭力。觀察 IBM 近期重要併購方向，主要是以雲端為基礎的商業智慧以及資訊安全等領域，可以看出 IBM 轉型為雲端服務公司的策略目標。

為搶攻雲端運算大餅，IBM 於 2019 年以 340 億美元併購開源軟體公司紅帽（Red Hat），進一步鞏固在雲端市場的地位，希望透過紅帽的加持，獲得與亞馬遜、微軟這些雲端領先者競爭的能力。

此外，IBM 積極佈局區塊鏈（Blockchain）應用，2018 年推出基於區塊鏈的新支付系統 Blockchain World Wire（BWW）希望能夠大幅度提升跨境支付效率，截至 2018 年底已經擁有 400 家與區塊鏈技術相關的客戶，包含金融、銀行、製造、物流、保險、健康、零售、能源等領域，2019 年 3 月，IBM 宣布與六家銀行簽屬意向書，要在自家跨境支付解決方案 World Wire 上發行穩定幣。

4. Oracle

甲骨文股份有限公司（Oracle）創立於 1977 年，總部位於美國加州紅木城的紅木岸（Redwood Shores），為全球最大的資料庫公司，並以全球第一個商業化的關聯式資料庫系統聞名。除了關聯式資料庫系統，Oracle 也提供企業資源規劃（Enterprise Resource Planning，ERP）等商用軟體，2018 年 Oracle 與資訊服務及軟體相關營收約 398 億美元。

Oracle 的產品架構大致延伸自 2000 年所確立的商用套裝軟體、中介軟體、資料庫產品的主軸，並結合 2010 年併購的 Sun Microsystems 的 OS／Hardware 的產品，成為軟體與硬體兼備的產品架構。其中，中介軟體 WebLogic Server 為主軸，結合 Sun Micro Java 相關的 Virtual Machine 技術開發資料庫與元件。資料庫則以原本 Oracle 的資料庫系統為基礎，並進一步與 Sun Micro 的 SPARC 作業系統及硬體結合。

面對巨量資料分析風潮，Oracle 推出 Oracle Advanced Analytics 平台，提供全面性即時分析應用，可協助企業用戶觀察和分析關鍵性的業務資料，例如客戶流失預測、產品建議與欺詐警示等。在協助使用者提高資料分析的效率，同時保障企業資料安全。除此之外，隨著企業逐步導入雲端運算與巨量資料應用，傳統資料庫儲存結構逐漸無法滿足企業在巨量資料的儲存與查詢，為此 Oracle 將新一代資料庫產品的開發方向，設計為專門處理雲端資料庫整合，可協助使用者有效率地管理巨量資料、降低儲存的成本、簡化巨量資料分析並提高資料庫效能，同時針對資料提供高度的安全防護。

此外,Oracle 亦積極布局雲端產業,觀察其近年重要發展動態,甲骨文計畫於 2019 年推出雲端無伺服器服務 Oracle Functions,讓企業用戶不須介入運算、網路基礎架構的維運工作,開發者只需專注功能開發,即使服務流量增加,系統也會自動進行水平擴充。

5. Accenture

埃森哲(Accenture)其前身為 Andersen Consulting,創立於 1989 年,總部位於愛爾蘭都柏林(Dublin),是全球顧問諮詢、系統整合與委外服務的領導業者。雖然 Accenture 的業務是以服務為主體,但 Accenture 也擅長將其服務與其他資通訊軟體及硬體產品進行整合,因此包括 Microsoft、Oracle、SAP 等資通訊產品大廠都將 Accenture 視為重要的策略合作夥伴。Accenture 的資訊服務模式可分為兩大類,第一類是期程較短的個別專案,另一類則是期程較長的委外服務。其服務模式可依照客戶的特性與所在的地理位置進行模組化組合,2018 年 Accenture 資訊服務與軟體營收約 416 億美元。

Accenture 持續針對具有特定優勢的廠商或事業單位進行併購,以擴大其營運領域與市場區域。近期較為顯著的併購策略方向是強化其在商業智慧、商業分析、企業行動與經營管理方面的服務能量,目標是希望未來能透過新興的資通訊科技應用,提供企業客戶更有價值的系統整合與顧問服務,深入企業營運與決策流程,並多方著墨新興產業領域,如能源領域、金融科技與物聯網產業等。

6. SAP

SAP 成立於 1972 年,總部設於德國沃爾多夫,是目前歐洲最大的軟體公司,同時亦是全球最大的商業應用、企業資源規劃(ERP)解決方案以及獨立軟體的供應商,在全球企業應用軟體的市場占有率超過 3 成,2018 年 SAP 資訊服務與軟體營收約 247 億美元。

早期 SAP 的產品主軸為 SAP CRM 以及 SAP ERP 等企業應用套裝軟體，其後隨著客戶對資料分析、後端整合的需求增加，開始發展 Business Objects 系列的企業分析軟體，及 SAP Netweaver 中介軟體等。行動應用興起後，SAP 透過併購 Sybase，切入行動管理平台、行動解決方案及行動資料庫管理系統等市場。直至今日，SAP 已經擁有資料庫軟體、中介軟體以及企業流程軟體，布局趨於完整。

觀察 SAP 近年的重要發展動態，以積極布局雲端服務為主要方向，包括結合合作夥伴的雲端基礎服務，如 Microsoft Azure、IBM Bluemix 等，透過與合作夥伴在雲端應用的合作與互通，由合作夥伴提供 IaaS、PaaS 等雲端基礎及平台服務，SAP 提供 SAP HANA 等企業雲應用服務，將 SAP 服務推廣到合作夥伴所在的主要市場。

7. Symantec

Symantec 成立於 1982 年，總部位於美國加州山景城（Mountain View），其核心的業務在於提供個人與企業用戶資訊安全、儲存與系統管理方面的解決方案，是全球資訊安全、儲存與系統管理解決方案領域的領導廠商，2018 年營收約 48 億美元。

在產品服務方面，Symantec 主要提供資訊安全與管理服務，並可以分為雲端安全防護產品、備援歸檔及雲端儲存等功能，其中雲端安全產品包括 DLP（Data Loss Prevention）、CSP（Critical Systems Protection）、Endpoint Protection、Verisign 身分驗證服務等。Symantec 資訊安全與管理服務為一整套的雲端安全解決方案，提供企業全方位的雲端資訊安全服務，涵蓋網路、儲存設備、端點系統等，達到監控、偵測、防護企業資料，保護企業虛擬機器與資產的目的。除了一般個人電腦，Symantec 資訊安全與管理服務同時切入資安需求日漸增加的行動裝置市場，包括行動裝置的網路安全、檔案傳輸安全與裝置安全等。

觀察 Symantec 近期的重要發展動態，於 2016 年 6 月 13 日，以 46.5 億美元收購網路安全公司 Blue Coat System Inc，並於 2016 年 11

月 20 日，以 23 億美元收購防盜軟體商 LifeLock，2017 年 3 月 Google 認為由於賽門鐵克 CA（憑證簽發機構）簽發了 3 萬多個有問題的憑證，所以 Chrome 瀏覽器將逐步減少對賽門鐵克憑證的信任。2017 年 7 月，Symantec 宣布買下 Fireglass 資安公司，該公司擁有瀏覽器隔離技術，讓使用者處在一個安全的環境中，無論點選連結、造訪網站，或是開啟惡意附加檔案等將會被隔離，在此安全解決方案推出後，最多可望減少 70%的安全事件。2017 年 8 月 2 日，DigiCert 以 9.5 億美元現金和 DigiCert 業務的 30%股權收購 Symantec 的安全認證業務，2019 年 8 月 9 日通訊晶片大廠博通再宣布，將斥資 107 億美元（約新臺幣 3,383 億元）的金額收購資安大廠 Symantec 的企業部門。

二、臺灣市場總覽

依據前述的資訊服務暨軟體市場定義與範疇，以下將分析臺灣產業發展趨勢，並剖析臺灣資訊服務暨軟體產業結構及現況。

（一）產業趨勢分析

臺灣資訊服務暨軟體產業，預估產值將由 2017 年的 2,365 億新臺幣成長至 2022 年的 3,432 億新臺幣，年複合成長率 7.5%，成長動能來自系統整合與資料處理業務的成長，主要支撐力來自政府相關預算、物聯網、智慧城市、數位轉型及智慧製造等議題發酵，帶動相關民間商機成長及行業別的新興應用。

	2017	2018	2019(e)	2020(f)	2021(f)	2022(f)	CAGR
資訊軟體	752	840	902	971	1041	1122	6.9%
資訊服務	1,613	1,673	1,793	1,928	2,116	2,310	7.8%
Total	2,365	2,513	2,695	2,899	3,157	3,432	7.5%
成長率		6.3%	7.2%	7.6%	8.9%	8.7%	

資料來源：資策會 MIC 經濟部 ITIS 研究團隊整理，2019 年 9 月

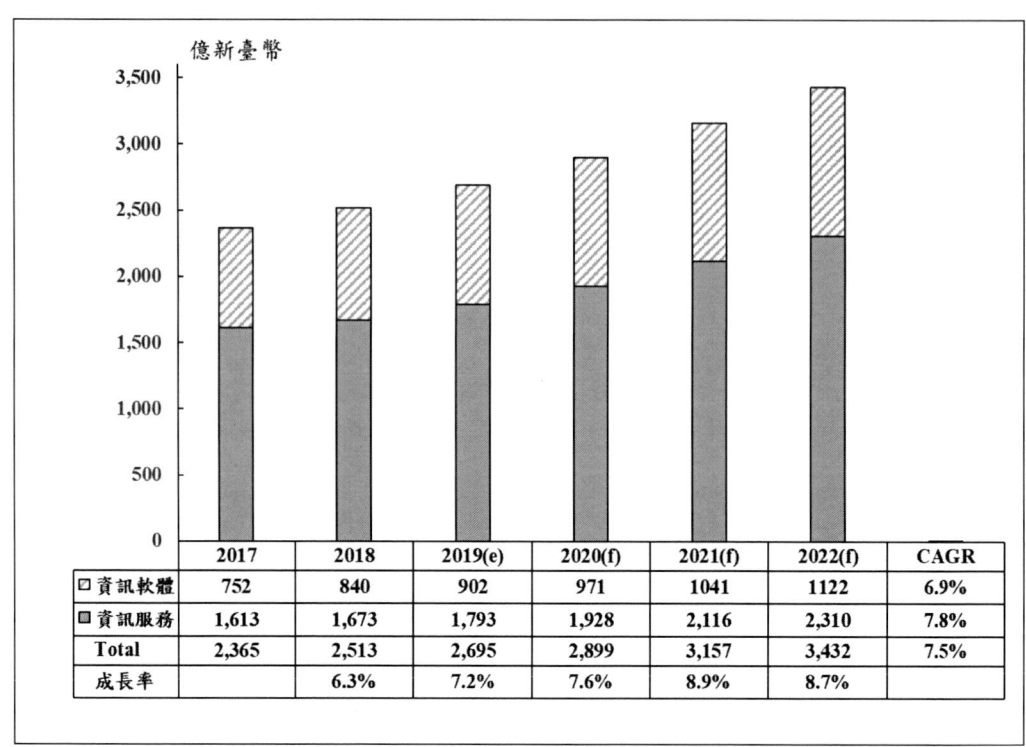

圖 2-6　臺灣資訊服務暨軟體產業產值分析

1. 資服產業發展趨勢分析

觀測 2017 年到 2022 年，臺灣資訊服務暨軟體業產值規模將由 2,365 億新臺幣成長到 3,433 億新臺幣，年複合成長率 7.5%，其中系統整合及資料處理占比達 6 成。主要支撐力來自科技化解決方案的提供，包含行動應用、人工智慧、金融科技、資訊安全及雲端服務之應用。

第二章 資訊軟體暨服務市場總覽

[2017年圓餅圖]
通路經銷 5.1%
軟體設計 26.8%
資料處理 15.6%
系統整合 52.4%

[2022(f)年圓餅圖]
通路經銷 11.3%
軟體設計 24.4%
資料處理 19.2%
系統整合 45.2%

資料來源：資策會MIC 經濟部ITIS 研究團隊整理，2019年9月

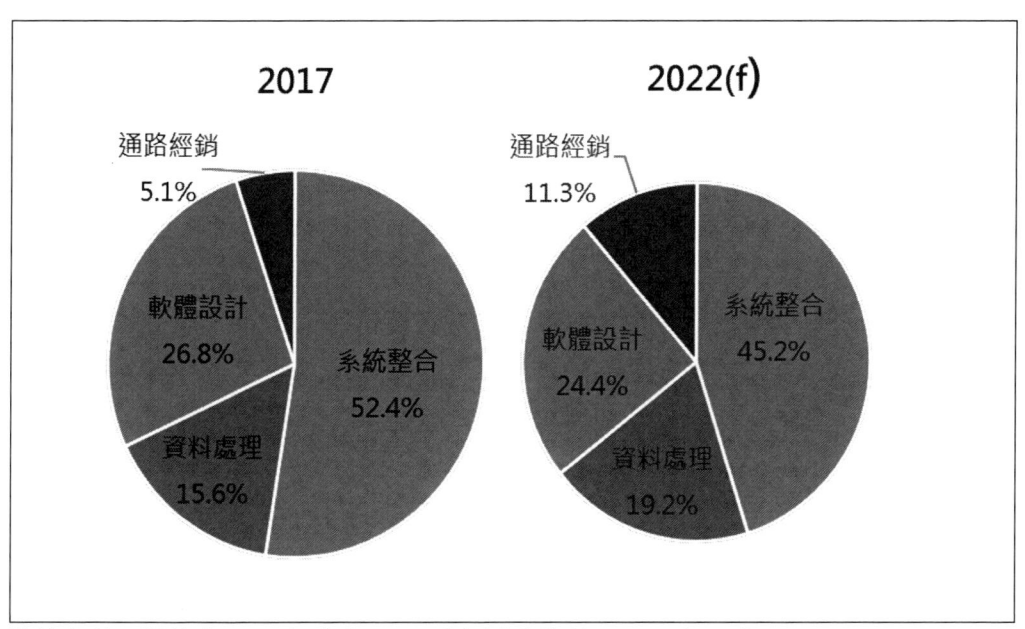

圖 2-7 臺灣資訊服務暨軟體產業次產業分析

(1) 系統整合產業分析

系統整合市場方面，臺灣系統整合市場主要是由大型企業的持續採用需求驅動。大型企業因布局全球市場而擴增資通訊軟硬體，或因周期性需求更新、汰換原有的資訊系統，或因企業、部門之間的整併而調整資訊解決方案的投資應用。

綜觀近年臺灣系統整合市場成長平穩，企業轉型與智慧製造議題可望逐步發酵並主導未來系統整合市場成長。預估臺灣系統整合業產值將由2017年的1,243億新臺幣成長至2022年的1,670億新臺幣，年複合成長率7.3%，其中系統規劃、分析及設計佔整體系統整合占比超過5成，主要支撐力來自系統規劃、分析、設計及建置等專標案，及資訊安全、災害復原、設備管理、技術諮詢等需求。

	2017	2018	2019(e)	2020(f)	2021(f)	2022(f)	CAGR
其他服務	143	156	193	238	293	360	23.1%
系統建置	115	115	123	131	154	173	12.1%
顧問諮詢	273	267	287	308	323	342	6.0%
系統設計	712	672	691	711	758	794	4.7%
Total	1,243	1,210	1,294	1,388	1,528	1,670	7.7%
成長率		-2.7%	6.9%	7.3%	10.1%	9.3%	

資料來源：資策會 MIC 經濟部 ITIS 研究團隊整理，2019 年 9 月

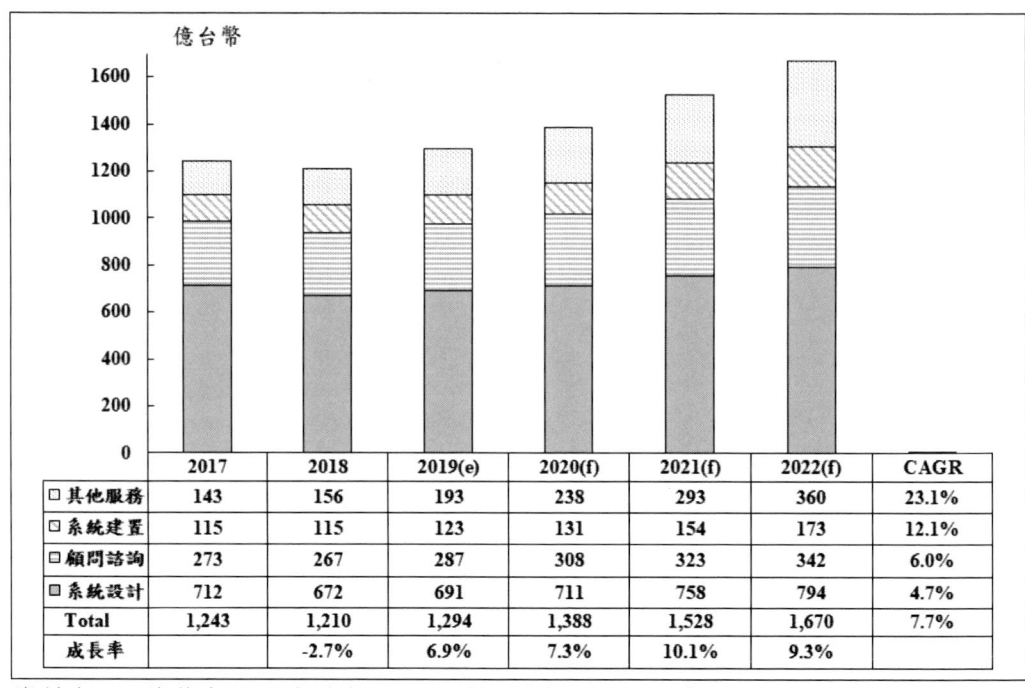

圖 2-8　臺灣系統整合業產值分析

在系統整合業中，系統設計及設備管理及技術諮詢佔整體系統整合業占比達 7 成，相較 2017 年，2018 年其他電腦相關服務（例如資訊安全）較 2017 年增加 1.4%，系統整建置較 2017 年增加 0.3%，預估到 2019 年其他電腦相關服務將成長到 14.9%，主要支撐力來自系統整合建置及其他電腦相關服務，包含中小企業應用以及若干金融服務應用等。

次產業	2017	2018	2019(e)	2020(f)
系統整合建置	9.2%	9.5% ↑	9.5%	9.4%
系統規劃、分析及設計	57.3%	55.6% ↓	53.4%	51.2%
電腦設備管理及資訊技術諮詢	22.0%	22.0%	22.2%	22.2%
其他電腦相關服務	11.5%	12.9% ↑	14.9%	17.1%

資料來源：資策會 MIC 經濟部 ITIS 研究團隊整理，2019 年 9 月

圖 2-9　臺灣系統整合業次產業占比分析

(2) 資料處理產業分析

在資料處理服務市場方面,主要是以資訊管理委外和系統維護支援為主軸。流程管理委外則偏重於客服中心服務委外,以及金融帳單管理委外,程式開發代工多採用由外包廠商派駐程式開發人力於企業的模式。預估資料處理及資訊供應服務業產值,將由2017年的370億新臺幣成長至2022年的640億新臺幣,年複合成長率8.2%,其中資料處理、主機及網站代管佔整體系統整合占比超過8成,主要支撐力來自於主機代管、異地備援及雲端運算業務的成長。

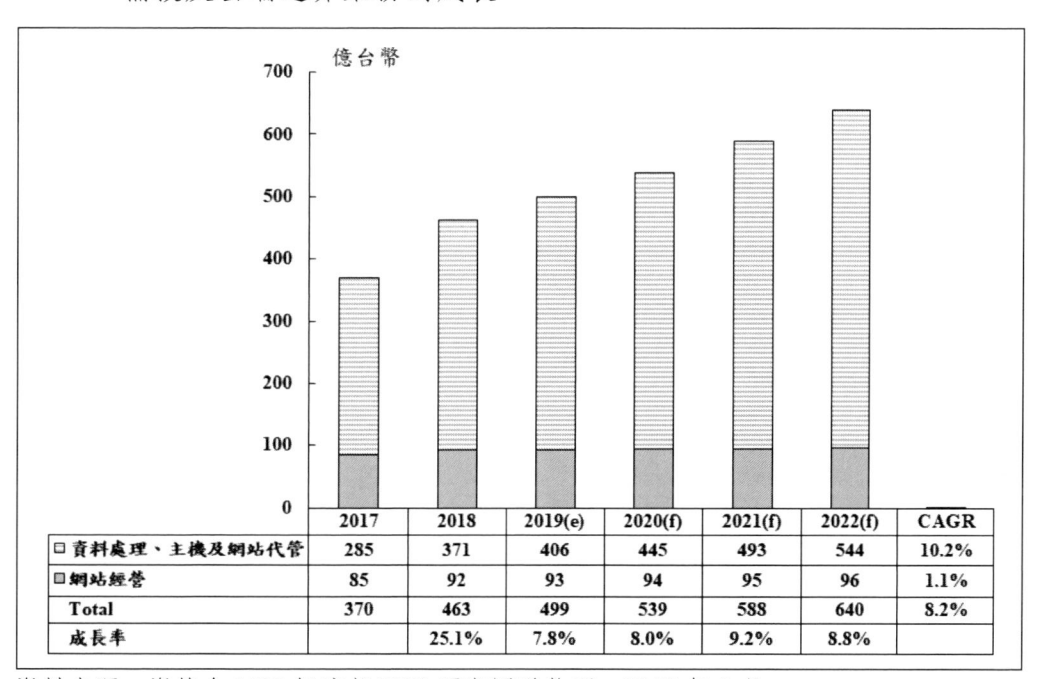

	2017	2018	2019(e)	2020(f)	2021(f)	2022(f)	CAGR
資料處理、主機及網站代管	285	371	406	445	493	544	10.2%
網站經營	85	92	93	94	95	96	1.1%
Total	370	463	499	539	588	640	8.2%
成長率		25.1%	7.8%	8.0%	9.2%	8.8%	

資料來源:資策會MIC 經濟部ITIS 研究團隊整理,2019年9月

圖2-10 資料處理資料處理產業產值分析

在資料處理與資訊供應服務業中,其他資料處理及主機代管服務業之占比將超過8成,相較2017年,2018年其他資料處理及主機代管服務業較2017年增加3.1%,預估到2019年將成長到81.3%,主要支撐力來自雲端、委外及主機網站代管等服務業務的拓展。

次產業	2017	2018	2019(e)	2020(f)
入口網站	23.0%	19.9% ↓	18.7%	17.5%
資料處理、主機及網站代管	77.0%	80.1% ↑	81.3%	82.5%

資料來源：資策會 MIC 經濟部 ITIS 研究團隊整理，2019 年 9 月

圖 2-11 臺灣資料處理與資訊供應服務業次產業占比分析

2. 資訊軟體產業趨勢分析

在軟體市場方面，巨量資料、智慧型裝置、行動應用與雲端運算仍左右臺灣軟體市場未來數年走勢，預估資訊軟體業產值，將由 2017 年的 752 億新臺幣成長至 2022 年的 1,122 億新臺幣，年複合成長率 6.8%，其中非遊戲的電腦設計佔整體資訊軟體業占比超過 7 成，主要支撐力來自非遊戲程式設計、修改、測試及維護，如作業系統程式、應用程式之設計。

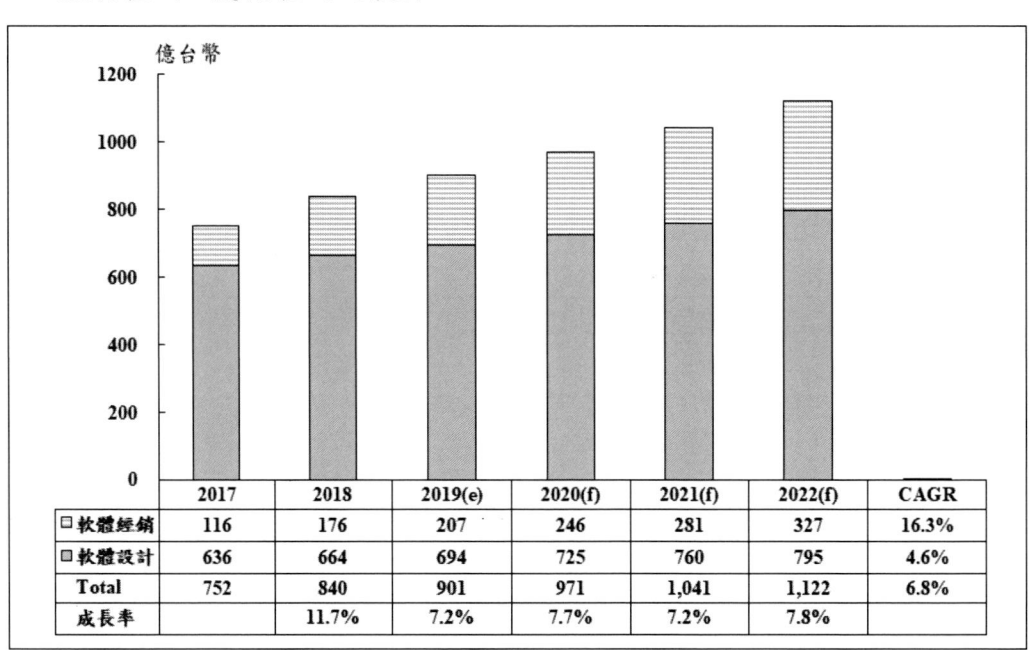

億台幣	2017	2018	2019(e)	2020(f)	2021(f)	2022(f)	CAGR
軟體經銷	116	176	207	246	281	327	16.3%
軟體設計	636	664	694	725	760	795	4.6%
Total	752	840	901	971	1,041	1,122	6.8%
成長率		11.7%	7.2%	7.7%	7.2%	7.8%	

資料來源：資策會 MIC 經濟部 ITIS 研究團隊整理，2019 年 9 月

圖 2-12 臺灣軟體產業產值分析

(1) 軟體設計產業分析

臺灣軟體設計市場主要由大型企業持續需求採用所驅動，包括持續擴建或升級資訊系統，或因周期性需求而更新或汰換原有資訊系統等。其中應用軟體市場方面，雖受惠智慧製造，MES 建置熱絡，但由於 ERP 等傳統應用不振，使整體應用軟體規模成長短期難有表現；資訊安全市場由於物聯網及聯網裝置應用擴張而持續升溫；資料庫市場受惠於近年巨量資料應用發展，表現較其他軟體為優；開發工具部分則以虛擬化應用、商業分析為要角，但受到雲端服務發展影響，成長動能疲弱。預估軟體設計業產值，將由 2017 年的 636 億新臺幣成長至 2022 年的 795 億新臺幣，年複合成長率 4.6%，其中電腦設計佔整體資訊軟體設計業占比超過 9 成，主要支撐力來自於軟體之程式設計、修改、測試及維護等業務成長。

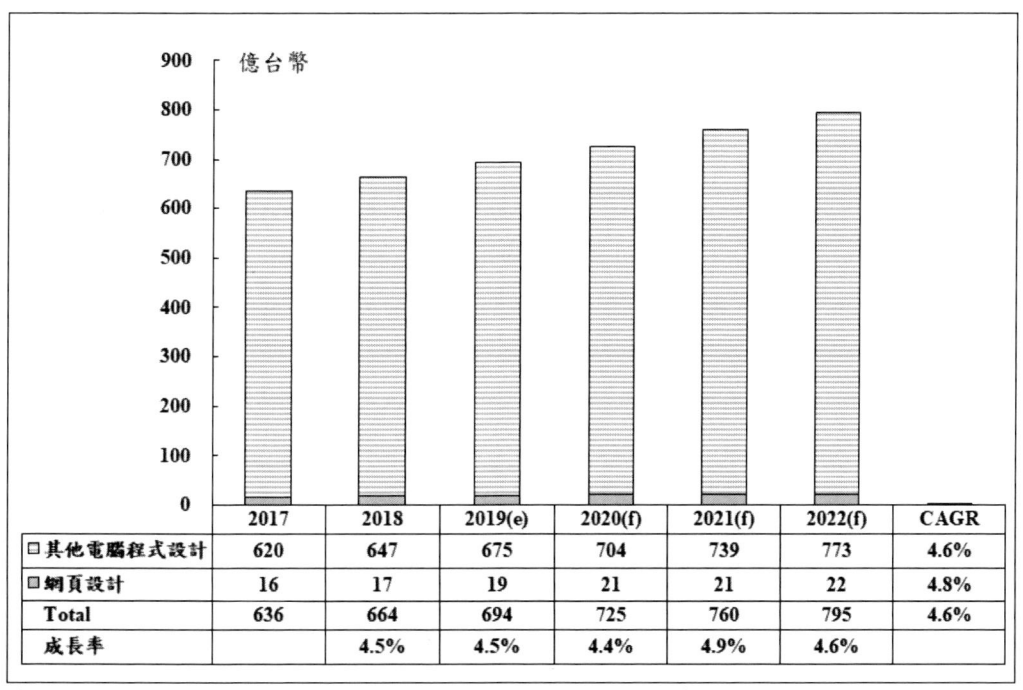

億台幣	2017	2018	2019(e)	2020(f)	2021(f)	2022(f)	CAGR
其他電腦程式設計	620	647	675	704	739	773	4.6%
網頁設計	16	17	19	21	21	22	4.8%
Total	636	664	694	725	760	795	4.6%
成長率		4.5%	4.5%	4.4%	4.9%	4.6%	

資料來源：資策會MIC 經濟部 ITIS 研究團隊整理，2019 年 9 月

圖 2-13　臺灣軟體設計產業產值分析

(2) 軟體經銷產業分析

在軟體經銷市場方面,臺灣大眾套裝軟體仍以遊戲軟體為主軸。隨著行動裝置應用普及,消費者使用行為習慣逐漸轉變,行動應用成為企業接觸消費者重要窗口,其產值將持續走揚,預估臺灣軟體經銷產業產值將由 2017 年的 116 億新臺幣成長至 2022 年的 327 億新臺幣。

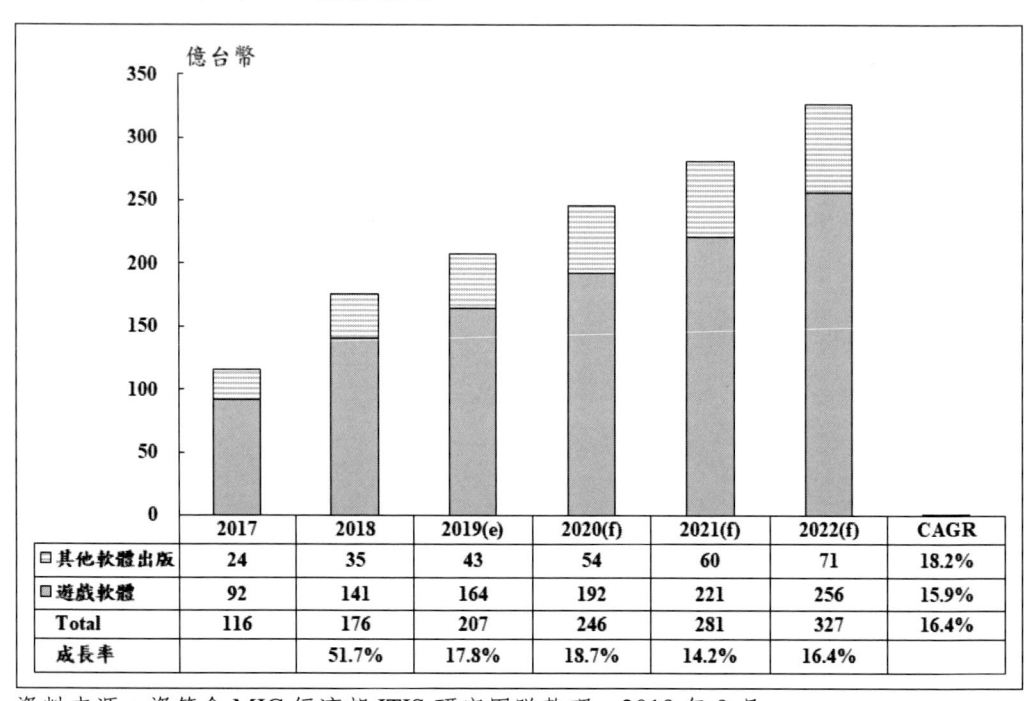

億台幣	2017	2018	2019(e)	2020(f)	2021(f)	2022(f)	CAGR
其他軟體出版	24	35	43	54	60	71	18.2%
遊戲軟體	92	141	164	192	221	256	15.9%
Total	116	176	207	246	281	327	16.4%
成長率		51.7%	17.8%	18.7%	14.2%	16.4%	

資料來源:資策會 MIC 經濟部 ITIS 研究團隊整理,2019 年 9 月

圖 2-14 臺灣軟體經銷產業產值分析

在臺灣軟體業中,其他資料處理及主機代管服務業之占比超過 8 成,相較 2017 年,2018 年遊戲軟體較 2017 年增加 4.5%,其他軟體出版較 2017 年增加 0.9%,主要支撐力來自於遊戲軟體、商用軟體、辦公室應用軟體等的需求。

次產業	2017	2018	2019(e)	2020(f)
網頁設計	2.1%	2.1%	2.1%	2.2%
程式設計	82.5%	77.0% ↓	74.9%	72.5%
遊戲軟體	12.2%	16.7% ↑	18.2%	19.8%
其他軟體出版	3.2%	4.1% ↑	4.8%	5.6%

資料來源：資策會 MIC 經濟部 ITIS 研究團隊整理，2019 年 9 月

圖 2-15　臺灣軟體業次產業占比分析

　　觀測臺灣資服產業之發展可知，推動整體資服產業之主要支撐力來自系統整合與資料處理業務，隨著政府相關預算、物聯網、智慧城市、數位轉型及智慧製造等議題發酵，帶動相關民間商機成長及行業別的新興應用。新興應用方面來自科技化解決方案的提供，包含行動應用、人工智慧、金融科技、資訊安全及雲端服務之應用；系統整合方面來自中小企業應用以及金融服務應用所帶來的系統整合建置；資料處理方面來自於主機代管、異地備援及雲端運算業務。

　　整體資訊軟體業的推動力來自電腦程式設計，電腦設計佔整體資訊軟體設計產業占比超過 9 成，推動資訊軟體設計產業成長主要來自非遊戲程式設計、修改、測試及維護，包含作業系統程式、行動應用程式、套裝程式等之設計需求；推動通路經銷成長之則來自遊戲軟體的銷售及軟體授權，包含軟體開發工具與元件授權。

（二）產業結構

　　綜觀臺灣整體資訊服務與軟體產業結構與現況，呈現出臺灣本土業者與外商競合之情形。位於軟體產業價值鏈上游之本體軟體產品供應商雖比不上外商強勢，但因深耕臺灣國內市場多年，已廣受

中小企業青睞。位於軟體產業價值鏈中游之本土代理商，則憑藉其通路優勢，代理本土業者或外商之軟體產品與資訊服務以獲取利益。位於軟體產業價值鏈下游之資訊服務商與加值經銷商（Value Added Reseller，VAR），為大部分臺灣軟體業者之經營型態，其中主力為系統整合商，依據用戶需求提供軟硬體、資通訊及服務之整合解決方案，進行一系列之系統規劃與建置，以達到最佳化、客製化與後續支援維運。

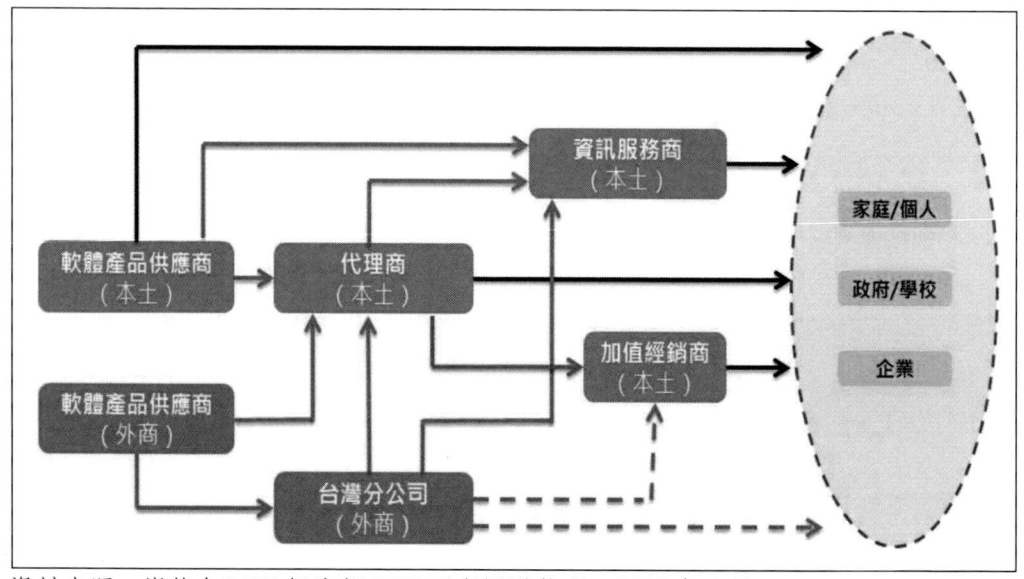

資料來源：資策會 MIC 經濟部 ITIS 研究團隊整理，2019 年 9 月

圖 2-16　臺灣資訊服務暨軟體產業結構

臺灣軟體之使用者方面，涵蓋企業、政府與個人，用戶多以價格、產品功能、市占率及軟硬體系統彈性為採用軟體之主要考量。另外，用戶對於軟體廠商之挑選條件，還包括檢視廠商知名度與評價、業者營運規模與穩定性、專業顧問能力與導入經驗、客製化服務能力、技術支援能力與服務品質。

整體而言，臺灣資訊服務暨軟體產業發展已具基礎，廠商皆於各自之領域中累積長期經驗及領域知識，已能精確掌握且提供滿足

用戶需求之解決方案。然而,因為產業進入門檻不高,導致小廠林立,且廠商又集中於少數之利基市場,形成小而零散之產業結構。

第三章 ｜ 資訊軟體暨服務市場個論

一、系統整合

（一）產業趨勢

　　資訊服務係指提供產業專業知識及資訊技術，使企業能夠創造、管理、存取作業流程中所牽涉之營運資訊，並予以最佳化之服務。而資訊服務廠商則是在協助企業進行資訊科技的評估、建置、管理、最佳化等作為。這些服務包含牽涉到專案導向的商業顧問、科技顧問、軟硬體系統設計與建置，以及期約導向的資訊委外、軟硬體維護等服務。本段落談論的系統整合主要的範疇包含專案導向的顧問諮詢、系統設計與建置等資訊科技服務。

　　系統整合業者利用各種套裝軟體、硬體、整合服務、顧問服務等資訊科技軟硬體與服務協助企業達到各種營運或策略目的，因此，系統整合業者受到企業營運方向的改變、新興科技發展而提供企業新的服務與科技導入。

　　近期由於雲端服務的發展，使得系統整合業者不僅提供專案導向的服務，亦提供委外、雲端的服務，以滿足企業的各種需求，例如 Accenture、PwC、Capgemini、KPMG 等，系統整合業、顧問服務業者、雲端服務業者的界線逐漸模糊。

　　從科技的發展來看，人工智慧、巨量資料、物聯網、雲端運算、智慧型裝置持續的改變資訊科技服務市場，接續的區塊鏈、數位分身、邊緣運算更是觸發企業轉型、變革的機會。

　　Gartner 顧問公司 2019 年的 10 大科技，主要環繞在為人工智慧、虛實結合、以及區塊鏈應用上，強調人工智慧與各種裝置（無人機、汽車、機器人等）的結合，雖然應用大多僅能完成特定的任務，並無法完全取代人力，但是其自主運作的機制，將在產業應用上產生

新的變革,此外,人工智慧與數據分析的結合降低許多人為主觀的判斷偏誤、與程式開發結合朝向由人工智慧驅動程式開發等。

　　虛擬與實際的結合,包含數位分身、沉浸式科技等應用,數位分身主要應用在企業、工廠甚至於整座城市的模擬、通常企業透過物聯網的裝置,模擬組織的運作模式,進行即時監測以增加企業營運效率,近年新加坡更應用在城市上,即時蒐集城市交通、能源的使用效率。而沉浸式科技多應用在遠端維護上,由於各種製造機台越來越複雜,製造業在機台維護上更加困難,透過沉浸式的科技能夠在遠端進行維護。區塊鏈為加密之分布式記帳本的技術,目前在許多場景之下透過建立信任機制,能達到降低成本、減少交易處理時間等優勢,起初以金融的應用為主,目前已發展在醫療、製造、供應鏈、政府機構等領域,根據 Gartner 預估,預計在 2030 年區塊鏈將會創造 3.1 兆美元的價值。

1. 顧問諮詢

　　人工智慧自主運作的機制,讓產業產生新的變革,透過機器學習、深度學習的技術,進行分析與預測。面對各種行業的需求,顧問諮詢業必須提供不同的服務:

(1) 金融業:透過人工智慧進行資料分析優化,提升預測能力,應用在自動理財、機器人投資顧問、資產管理上,另外,也可透過人工智慧進行精準行銷、提供客戶最適之商品建議。依行業區分,對於證券業者而言,股價的精準預測為主要的人工智慧應用方向;對於銀行及保險業者而言核貸核保以及洗錢防治為人工智慧可著力之處。此外,在客戶服務上,也有不少業者透過自然語言處理的技術提供人工智慧客服、文件辨識上,並在實體分行鋪設聊天機器人進行指引及各式金融商品介紹。並且透過電腦視覺技術,完成人臉辨識、線上開戶、刷臉核保等應用。隨著日趨複雜的市場環境,在金融監理及法令遵循的管控工作更為繁瑣,運用人工智慧的技術檢視業者是否有違反金融法規的行為,可節省大量的人力與時間,更精準且高效率的管控。

(2) 製造業：透過人工智慧的應用，在生產流程中，依據製造現場的影像、音訊等資料來源辨識與分析產品品質；透過溫度、濕度、音訊等資料進行聯網設備的控制、異常檢測、預防性維護等；廠內物流的部分，受到自動駕駛技術的影響，能夠解放人力、降低成本，並且有效提高生產效率，如無人搬運車的應用；研發流程方面，對於食品、製藥、紡織或化學製品等業者，透過人工智慧分析大量的研究資料以及實驗資料，進行最佳配比預測或是研究新產品、新配方，能有效的降低研發成本，並加快產品上市的時程；而生產製造端，透過工業機器人應用在生產製造，工業機器人具有人類的特性，透過多關節的機械手臂等自由度高的機器人執行製造相關工作，如機器手臂的應用。

(3) 零售業：透過人工智慧，進行客戶需求理解、預測，並解決客戶問題，主要嘗試在利用客戶的資料，建立客戶購買行為模型。在門市內銷售的人工智慧應用，主要為電子看板或是聊天機器人，在門市內即時提供商品推薦，以及透過監視影像系統，分析客戶動線、購買路徑與行為等。而對於門市的庫存不足、存貨過多的問題，也能夠透過人工智慧的需求預測提高補貨次數、備貨數量、補貨時機的精準度，並結合物流系統達到完整的物流補貨流程。

(4) 醫療業：醫療業的人工智慧應用以醫療行為的階段區分，在預防醫療上，透過疾病風險預測給予健康檢查、篩檢項目建議；而門診醫療行為的應用，透過聊天機器人進行門診初篩、或是透過過去診斷紀錄分析，包含：過去用藥、診療、開刀等電子病歷，協助醫師進行診斷判斷。而確診後的醫療，包含機器人自動配藥，手術過程的麻藥劑量控制，以及後續照護過程中的用藥追蹤等。

(5) 政府：政府利用人工智慧進行實體與虛擬的安全防護與監控，實體的部分，透過各式監視感測裝置，進行災難避免以及公共安全控管，而虛擬的部分，透過人工智慧進行資訊安全防護，對於政府機構進行資料防護，並避免國家遭受新型態的網路攻擊。

(6) 顧問諮詢業者除了利用人工智慧等科技外，吸收各產業的行業知識外，也都會與人工智慧相關的軟體服務廠商合作，如：

Amazon、IBM、Google、Microsoft 等，以提供完整解決方案給客戶。

2. 系統設計與建置

與顧問諮詢業者的模式不同，系統設計與建置業者專精在資訊科技系統建置與導入，主要的業者包含 IBM、CSC、NTT DATA、Dell 等。系統設計與建置業者所著重的重點在於科技上的專精以及系統整合的能力，透過結合跨領域、跨技術的合作夥伴，協助企業完成系統導入、異質系統整合，近年也積極與顧問諮詢業者、電信業者、人工智慧等相關領域的業者合作，協助客戶將新興科技導入在企業運營上。

(1) 數位雙生：係指實體的裝置與數位的模型完全同步，利用感測器、傳輸裝置、物理模型建置、歷史數據等資訊在虛擬空間中完成映射，系統建置與服務業者須設計與建置模型設計工具、視覺化工程分析平台等。

(2) 區塊鏈：為分布式記帳本，具有去中心化以及不可竄改的特性，能夠降低企業面臨資訊不對稱所產生的損失，系統建置與服務業者提供區塊鏈平台，並協助企業的業務與區塊鏈的平台結合、找出關鍵痛點以及適用性。

(3) 人工智慧分析平台：多數的人工智慧分析平台以雲端的方式提供，如 Google TensorFlow、Microsoft Cortana 平台等，系統設計與建置業者協助企業進行傳統資料與雲端服務系統整合，亦面臨熟悉服務應用程式介面（API）整合、人工智慧平台程式的撰寫、事件驅動導向整合方式及資訊安全的保護等諸多議題。

(4) 巨量資料：在人工智慧的背後，仰賴結合企業內外部及結構、非結構化的資料，並進行資料分析，以提供企業顧客或員工的個人化需求。系統設計與建置業者亦須設計與建置巨量資料處理平台、巨量資料分析工具等，協助企業發展更具「人性」的系統。

（二）大廠動態

全球大型系統整合商 Accenture 為商業管理諮詢、資訊技術顧問廠商，主要協助企業制定商業策略、評估技術。顧問服務主要協助客戶進行產業數位轉型，主要聚焦的科技為雲端、資訊安全、人工智慧、區塊鏈等，也提供供應鏈管理、人才管理等企業顧問。

1. 應用智能

提供顧客人工智慧與資料分析的應用策略，從基本的資料儲存／整合／管理、自然語言處理／機器學習應用、協助企業透過人工智慧達到經營績效，目前主要的策略夥伴有 SAP、微軟、AWS 等。

以出版業為例，Accenture 協助義大利利古里亞（Ligurian）歷史悠久的報社之一建立智慧應用，透過機器學習的演算法，即時分析報章文件的內容，當撰稿者在撰寫內容的同時，Accenture 智能助理會即時的提供多種輔助，包含主動推薦參考內容、確認資料來源、確保資料一致性、並確保文法、用字正確，透過人工智慧的應用提高該報社的生產力，達到經營績效及文章品質的提升，進而增加訂閱數、提高整體營收。

在 2019 年 4 月公開發布預計併購法國 Google 雲端的服務提供商 Cirruseo 納入其應用智能團隊，透過 Cirruseo 獲得更多 Google 雲端服務業務在數位行銷、資訊安全以及人工智慧的專家，協助客戶透過雲端進行數位轉型。

2. 互動體驗

提供顧客行銷與科技的結合策略，建立互動體驗的設計與創新、行銷、內容設計與數位商務，著重在客戶的體驗，目前策略的合作夥伴有 Adobe、IBM、Salesforce、SAP。

以食品業為例，Accenture 協助美國知名速食業者提升客戶體驗，透過數據導向的分析模式，採用 Adobe Analytics、Adobe Target 的分析工具，分析消費者在數位通路上的行為，建立更好的消費者

體驗，藉由數據分析，建議網頁上適合的行銷內容、按鍵擺放的位置與顏色等資訊，有效提升客戶在數位通路的營收。

在 2019 年 4 月，Accenture 併購美國紐約的創意行銷公司 Droga5，納入其互動體驗業務內，Droga5 在過去也協助許多全球知名的企業，如運動品牌 Under Armour、新聞業者 New York Times、電商平台巨頭 Amazon、影視業 HBO 等皆為 Droga5 的客戶，藉由 Droga5 在過去品牌行銷經營的經驗，提升整體互動體驗業務的能力。

3. 工業數位轉型

提供企業數位化創新策略，透過新科技，工業物聯網、人工智慧、3D 列印、數位分身等，發展產業別的數位轉型方案，跟隨工業 4.0 的浪潮，在廠區建立數位化、智慧化的應用。

以能源業為例，Accenture 協助全球知名的能源業者建立數位化工廠，加速業者數位化創新，並且縮短產品上市時間，透過即時的分析以及物聯網平台，完成機台預防性維護、資產監測、能源最佳化應用，有效延長資產壽命並降低維護成本。

在 2019 年 5 月，Accenture 併購德國資訊顧問公司 Zielpuls，納入工業數位轉型的業務內，未來將專注在發展物聯網的智慧化產品與服務，Zielpuls 提供其架構、研發管理等資源，發展各種數位化產品與服務，如自動停車系統以及駕駛助理系統等，應用在工業上。

4. 區塊鏈應用

Accenture 與多個區塊鏈相關的業者與聯盟合作，如 Hyperledger、R3、Ripple、以及乙太坊，主要提供的服務包含區塊鏈應用與影響評估，協助制訂區塊鏈之解決方案，並且透過與第三方業者的整合，建構企業專屬之區塊鏈解決方案。

2018 年中 Accenture 與加拿大、荷蘭政府以及數間航空公司合作，透過區塊鏈技術以生物識別的方式建購旅客之數位身分，讓出關及入關前能提前獲得資訊。

（三）未來展望

　　顧問諮詢、系統設計與建置等系統整合業得益於人工智慧、巨量資料、智慧聯網以及新興虛實整合技術之發展，引發企業投資的需求，未來將持續增長。而對於需求端企業而言，應思考如何利用這些科技協助轉型達到營收、利潤、成本的效益，才是具有價值的投資。因此系統整合業不僅專注在科技的實施上，應從垂直領域著手，如從具有產業特性的服務面切入，協助企業利用新科技在各個管理面上提升，才能搶奪數位轉型的商機。

二、資訊委外

（一）產業趨勢

　　資訊委外指的是企業將資訊軟硬體的開發、維護與企業流程等業務，以一年以上的長期契約，委託資訊委外服務商代為處理。傳統資訊委外包含服務商提供企業資訊軟硬體的修改、程式開發、維護等服務的資訊管理委外（IT Outsourcing，ITO）及企業功能流程軟硬體與人力服務提供的企業流程管理委外（Business Process Outsourcing，BPO），亦有資訊委外廠商提供企業程式開發代工服務以及系統維護支援服務。由於資訊部門長期以來都被視為成本單位，依照企業利潤中心的角度而言，資訊委外的成本會低於企業自行維運，因此企業逐漸地將設備、人力等成本降低，委由資訊委外業者提供，而這些傳統的資訊委外廠商主要目的在於補充企業不足或短暫的人力需求。此外，隨著企業資訊化的需求程度逐漸提升，企業內部缺乏資源建置新興科技的能力，也委由資訊委外業者提供優質、專業的服務。然而，傳統的資訊委外業者受到國際經濟、雲端服務、人工智慧等趨勢影響：

- 東歐及中歐地區的業者加入競爭：過去資訊管理委外的主要來源大多為中國大陸及印度的業者，而隨著烏克蘭、波特蘭、羅馬尼亞以及白俄羅斯等國家的相關產業逐漸發展，讓資訊管理委外的競爭更加劇烈。

- 整合委外服務興起：委外服務業者受到雲端服務業者的競爭，傳統委外服務業者也開始朝向結合雲端服務，提供綜合性的解決方案，從流程的角度提供解決方案，如人資服務委外從單純的招募，演變成招募、人才培訓、考核等整體的流程，使得單一功能的委外服務市場，逐漸轉變為流程管理式的委外服務。
- 發展資料價值：當企業透過數位化雲端的服務提供時，留存的數位資料逐漸累積，企業也在思考將資料加值，委外服務業者提供委外流程服務外，也提供數位分析的服務，如企業人才員工流動、成本費用分析等。
- 資訊安全要求提升：隨著資訊安全的議題逐漸升溫，企業對於資料安全管理以及災難還原的管理要求也更高，企業期望透過資訊委外後能降低資訊安全的風險。對於資訊委外的業者而言，具備提供安全、穩定服務的專業相當重要。
- 漸進式網業應用程式的興起：漸進式網頁應用程式（Progressive Web Apps，PWA）結合 Web 以及 App 的特性，能適用於各種環境，具有 PWA 特色的軟體被銀行、健康照護、電商等業者採用，未來也具有成長的空間。

這些委外模式的變化將影響資訊管理委外、企業流程管理委外、應用程式開發代工、支援與維護等領域，以下整理各種類型委外服務的趨勢：

1. 資訊管理委外（ITO）

傳統的資訊管理委外服務，包括：基礎建設委外（Infrastructure Outsourcing，IO）、應用軟體委外（Application Outsourcing，AO）等，資訊管理委外目的主要來自於企業希望減少軟硬體管理的人力成本以及機房建置、維護、電力等實體成本，改由委外服務廠商代為管理，而隨著雲端服務與人工智慧等技術的影響，資訊管理委外產生轉變，企業對於資訊管理委外的服務有不同的期待：

(1) 協助企業快速回應市場：由於雲端服務化、人工智慧化以及資料分析技術的協助，讓資訊的流動速度更快，資訊委外業者須協助

讓企業能更快的去反應市場的需求,如產品定價、產品回收、行銷活動等。

(2) 以資訊化的角度協助企業業務經營:傳統資訊委外業者著重在降低成本上,隨著資訊的價值提升,企業逐漸將資訊委外業者視為業務經營的策略夥伴,企業期待資訊委外業者能夠以資訊化的角度協助企業在業務面的經營,而非僅是提供基本營運面的營運流程委外而已。

(3) 提供整體解決方案:單一的資訊委外服務所能呈現的效益有限,且跨系統間的溝通、串聯有一定的限制,企業期待的是更完整的整體解決方案,而非單一的系統委外,資訊委外廠商不僅需要專精於特定之專業,還需要補足更廣的專業以及品質更高的服務。

(4) 定價契約改變:傳統的委外契約費用不夠貼近企業實際的產出,該定價方式需要轉變,近年來資訊管理委外業者也在積極的思考如何讓定價更貼近實際產出,以降低服務提供的風險,又能達到價格的競爭力,除基本服務費用外,針對資源使用量、各指標的監控,進行動態的計價方式,而報價的速度也將影響企業選擇資訊委外業者的重要考量。

2. 企業流程委外(BPO)

企業流程委外服務提供企業某種流程的軟硬體、人力的委外服務支援,如:信用卡的辦理、採購服務流程、客戶服務中心等。在過去企業流程委外幾乎是客服中心的代名詞,企業將某個業務流程環節分離出來,交給服務外包公司運作,儘管企業流程委外牽涉到產業知識以及適度的人力介入,在雲端服務興起、流程自動化及人工智慧的發展後,企業希望流程委外廠商能夠提供進一步的流程自動化作業,以加快業務並節省人力。這使得企業流程委外商受到資訊管理委外商、雲端服務商的競爭,企業流程委外也面臨新的發展方向。

(1) 智慧化與自動化取代重複性企業流程:人工智慧以及流程機器人(Robotic Process Automation,RPA)被視為未來能夠取代掉重複

性人工作業的重要科技,這使得流程委外服務商也必須利用流程機器人、人工智慧自動化科技等,提供企業更自動化的服務。RPA能取代掉日常重複性的作業,也受到許多企業青睞,透過流程自動化來釋放人力、加快流程效率,並且減少人為疏失的風險,未來 RPA 結合語意辨識、語音感知等技術,能應用到更複雜的商務情境中。

(2) 更重視資料分析來改進流程:由於雲端服務、人工智慧自動化等數位科技,將服務的互動、過程均數位化紀錄,這使得流程委外商更可以利用這些數據進行分析、營運指標監控,協助企業改進其流程與服務。例如:客服中心利用人工智慧文字客服,可以記錄客戶詢問與人工客服回覆的對話數據,分析客戶詢問問題原因,進一步改善產品或服務。

(3) 著重在社群媒體管理工具:過去的客戶服務著重在電話語音互動,隨著社群網路的興起,消費者停留在社群媒體的時間快速增加,企業也在思考從過去在電話中心的投資轉移到社群媒體上。在網路上存在豐富的客戶資料及意見,也讓企業更易掌握客戶樣貌,許多流程委外業者也設置專門的社群媒體服務團隊,以符合市場需求。

(4) 更加深垂直領域知識強化競爭:當夥伴關係逐漸建立,企業更願意將部分核心的業務流程委外,流程委外服務商除了需要招募更具有產業領域知識的人員外,也需要藉由流程的角度,成為企業業務發展的夥伴。

(5) 更彈性的定價方式:有別於以往單純的契約制定,受到雲端服務依使用定價的影響,委外服務業者能夠獲得更多的資訊以協助定出合理的價格,流程委外服務同樣地必須發展更彈性、更貼近實際使用的定價方式,如依資源使用量、依成果定價的服務。

　　從過去的發展軌跡來看,顧問服務業發展流程委外服務的工作來自於對於領域知識的瞭解。現今,雲端服務商以及自動化科技專家更紛紛進入流程委外服務市場。流程委外服務業者必須發展更自動化的流程服務,著重在社群媒體管理工具,並提供數據分析基礎

的加值服務,更彈性定價的委外服務模式,以滿足企業的需求,在流程委外市場中建立競爭優勢。

3. 程式開發代工

　　程式開發代工主要協助企業開發、測試、部署、品質保證應用程式的開發與生命週期管理。企業委託程式開發代工的主要考量還是以人力短缺為主,仍須仰賴程式開發代工服務協助程式開發。由於DevOps開發營運偕同的思維,影響程式開發業者,提供給企業快速開發以及後續維運服務整體的生命週期管理,不僅協助企業開發,也協助企業應用軟體服務營運。

　　程式開發代工服務同樣受到各項新興科技與企業需求的影響,企業進行行動化時,程式開發代工商必須掌握新興的智慧手機 App 開發能力,協助企業進行程式開發。企業進行雲端服務化時,程式開發代工商必須協助企業在各種雲端平台開發、測試、部署,乃至於協助企業進行快速開發、推出服務、修正服務的整體生命週期管理。企業進行物聯網化時,程式開發商必須懂得各種物聯網平台與程式,進行物聯網與企業系統的整合與程式開發。

4. 軟硬體維護

　　軟硬體維護的服務主要是企業與服務商簽訂長期契約,以協助企業軟硬體的管理、升級或維護等作業。隨著雲端服務的發展或虛擬化技術的採用,企業將逐步減少軟硬體的購買,對於軟硬體維護的需求將較少。然而,物聯網的發展,企業將更重視物聯網資產的維護,將會帶動物聯網軟硬體維護服務的成長。

（二）大廠動態

全球大型委外廠商塔塔諮詢服務公司（Tata Consultancy Services，TCS）為印度孟買的著名的企業，也是全球第一大的軟體程式代工商，TCS 全球有超過 100 個分支機構，主要的客戶包含金融、零售、製造、醫療等產業，TCS 除了提供系統整合、顧問服務委外，也發展自動化與人工智慧、雲端應用以及物聯網等服務。

1. 自動化與人工智慧

透過人工智慧建立智慧客服及深度學習的技術，應用在金融服務業，系統能夠自動分析、管理並且回覆客戶所寄來的信件，協助客服人員在回覆信件前，先分析信件內容，解析客戶信件的情緒以及意圖，提供客服人員建議的行動。此外，透過人工智慧減低客服人員的負擔，讓其工作效率提升，更快速地回應客戶來信。

2019 年 TCS 與半導體大廠恩智浦 NXP 合作，透過其自動化軟體 ignio 建立 NXP 的供應鏈系統，結合人工智慧，自動判斷系統的異常狀況，為 TCS 將其人工智慧應用在製造業的重大合作案。

2. 雲端應用

TCS 協助企業建立以雲端服務為主的企業策略，並且透過顧問服務，協助企業增加數據的價值，整合 API 服務，進行企業的數位轉型。

TCS 於 2019 年 7 月正式發布其雲端 DevOps 平台 Jile3.0，透過該平台企業能夠將軟體開發工程可視化，並且增加整體的整合度以及資訊安全性。

3. 物聯網

TCS 以 TCS 物聯網平台（TCS Connected Universe Platform，TCUP）讓企業管理其物聯網的裝置，透過邊緣運算的特性，讓物聯網的資訊能夠及時的視覺化呈現。

在企業動態方面，2019 年 7 月，TCP 與 SAP 合作，透過 SAP 的 SAP Leonardo 物聯網及區塊鏈解決方案建構其智能領域庫存管理系統（Intelligent Field Inventory Management，iFIM），主要提供醫療裝置的製造管理系統，透過物聯網建構可追蹤的存貨管理，並且以區塊鏈技術，提高庫存的可視度，讓醫療相關的設備供應鏈能夠快速對接需求。

受到新興科技的趨勢影響，企業紛紛採用雲端運算、人工智慧、以及物聯網進行數位轉型，TCS 所提供的服務也更加多元，除了垂直領域的專業經驗以外，也採用更多科技的服務，並透過各家業者的合作，增加其競爭力。

（三）未來展望

受到雲端服務、人工智慧等新興科技影響，委外服務業務界限將變得愈來愈模糊，競爭也愈來愈激烈。展望未來，委外將朝雲端服務優先、智慧化以及自動化的流程、透明且彈性價格以及資料分析價值等方向持續地發展。

三、雲端服務

（一）產業趨勢

近年來因人工智慧、物聯網與區塊鏈等科技的快速發展，帶動企業應用新興科技進行數位轉型，開創新的商業模式，因此使企業提高對資訊技術的投資。在此趨勢驅使下，企業需要能因應業務快速變動需求的資訊系統架構，在資訊系統架構需迅速調整與成本控管的考量下，企業普遍轉向使用雲端服務與企業雲端基礎架構。根據國際研究機構 IDC 預估至 2019 年，全球約 50% IT 基礎架構將用部署在公有雲及私有雲上，並將持續增加至 2022 年約 55%。

在此新興科技促進企業數位轉型,開創新商業模式趨勢驅使下,企業趨向採用雲端運算服務,使雲端運算服務市場成長更為顯著,觀測國際大廠在雲端運算服務的布局與新興技術應用整合雲端運算服務之趨勢,以展望2019年雲端運算服務市場。

1. 五大雲端服務商持續維持領先地位

Gartner於2018年雲端IaaS服務供應商評比分析,由2017年的14家廠商變為6家,其原因為雲端服務市場發展趨勢,客戶趨向於選擇具有完整IaaS與PaaS雲端服務的超大型雲端服務供應商。在Gartner雲端基礎架構服務供應商市占率報告中,第一名Amazon的市占率47%,第二名Microsoft的市占率15%,綜合各國際機構有關數據均顯示,AWS、Microsoft、Alibaba、Google及IBM等五大業者持續雄占雲端基礎暨平台服務市場接近七成。

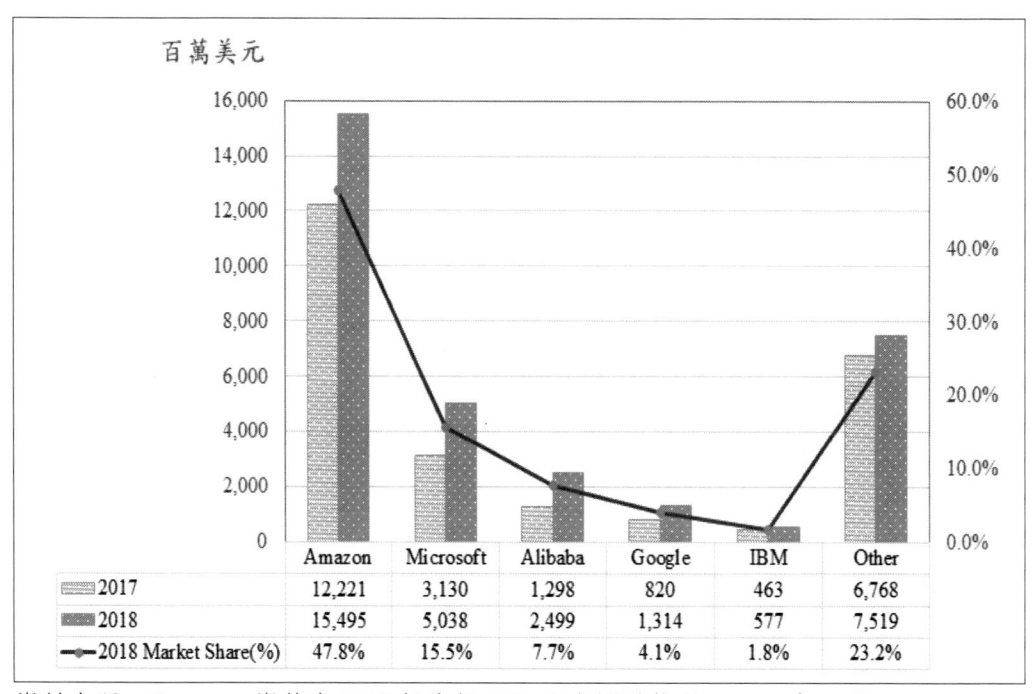

	Amazon	Microsoft	Alibaba	Google	IBM	Other
2017	12,221	3,130	1,298	820	463	6,768
2018	15,495	5,038	2,499	1,314	577	7,519
2018 Market Share(%)	47.8%	15.5%	7.7%	4.1%	1.8%	23.2%

資料來源:Gartner,資策會MIC經濟部ITIS研究團隊整理,2019年9月

圖3-1　2017-2018年前5大雲端基礎架構服務供應商市占率

至於在中國大陸雲端市場方面,仍是本地廠商獨霸的態勢,其中阿里雲囊括近半市場,騰訊居次,其後則是電信業者占一席之地。國際 F4 業者均紛紛在滿足中國大陸落地法規的要求下,結合中國大陸資料中心業者插旗本地市場,不願在未來成長最快速、規模占有一席之地的中國大陸雲端市場缺席。

近年來因東南亞市場經濟成長快速,加上中美貿易戰影響,使得眾多在中國大陸的製造業者遷移至東南亞地區,讓東南亞地區的資訊服務需求大增。為因應此地區將來高解析度影音串流、行動支付及線上遊戲等服務,國際雲端大廠相繼宣布其在東南亞資料中心的布局,提供穩定、低延遲的在地化雲端運算服務。

2. 雲端服務需求持續增溫,大廠擴增資料中心

AWS 宣布未來 10 年將投資 9.51 億美元在印尼,拓展其雲端運算服務,並規劃在印尼建立雲端資料中心。Google 亦皆宣布其新資料中心的設立計畫,以因應其東南亞市場用戶的快速增長,Google 在 2011 年及 2015 年已在新加坡設立兩座資料中心,預計再斥資 8.5 億美元在新加坡建置第三座資料中心,並計劃擴充香港及臺灣的資料中心,並投資印尼成為亞洲雲端服務中心。Facebook 將在新加坡投資 10 億美元建置其第一座亞洲資料中心,國際大廠皆看好東南亞雲端運算服務市場的成長趨勢。

中國大陸雲端服務業者中,阿里雲在中國大陸公有雲市場成長快速。阿里雲不但在中國大陸市場穩居第一,亦積極拓展海外市場,除在印尼雅加達的雲端資料中心於 2018 年 3 月份開始啟用,阿里雲在歐洲市場已啟用法蘭克福、杜拜及倫敦三個可用區,2018 年 10 月份再宣布啟用英國兩個可用區。阿里雲積極布局 EMEA(Europe、Middle East & Africa;歐洲、中東及非洲)市場三大雲端服務可用區,提供當地更好的資料安全及網路連線穩定的雲端服務,回應因企業邁向數位轉型所反應的雲端服務需求。

（二）大廠動態

因企業積極轉向雲端服務的影響，大型雲端服務廠商在全球雲端服務的高速成長成為全球資料中心成長的主要動能，在資料中心關鍵系統技術上，Software-Defined 趨勢持續影響資料中心基礎架構技術發展，虛擬化軟體技術部分因輕量級虛擬化的容器技術發展快速，大幅提升資料中心軟體部署的彈性與速度。

1. 大廠結盟合作，開放氛圍瀰漫

隨著開放已經成為業界的共識後，各家雲端大廠亦從不同層次擁抱開放，可以分為環境開放、合作開放以及源碼開放。

環境開放方面，有 Microsoft 提供 Azure Stack 架構，提供企業部署混合架構；RedHat 升級 OpenShift 產品，支援 AWS、Azure 及 GCP 三大公有雲之跨雲資源調度之外，並納入容器調度能力；以及 Oracle 提供跨雲／跨平台工具，提供企業快速導入混合架構。

合作開放方面，Google 及思科結盟，在混合雲領域建立夥伴合作關係；VMware 繼與 IBM 合作混合雲後，續與 AWS 合作，推出 VMware Cloud on AWS 的混合雲服務；以及 Microsoft 及 AWS 近期聯手推出 Gluon 深度學習函式庫，讓開發人員開發、訓練機器學習模型及部署到雲端、前端裝置及 App 上。

源碼開放方面，繼 Microsoft、Google 及 IBM 三家全球雲端服務商已加入雲端原生運算基金會成為白金會員後，該基金會宣布全球雲端服務龍頭 AWS 也正式加入，成為白金會員之一；各廠不僅將持續提供包括雲端平台、人工智慧專案開源碼，Google 更進一步成立類似 GitHub 的 Google Opensource。Google 方面，則以 Android 打造開源 IoT 作業系統 Brillo，協助開發者串起物聯網裝置與其雲端後台應用服務。

2. 加速企業上雲，大廠力推混合雲

近年企業運用 AI 人工智慧、物聯網與區塊鏈等新興科技進行數位轉型，開創新的商業模式，企業資訊系統架構需能因應業務需求快速變動，在資訊系統架構要能迅速調整與資訊安全的考量下，企業普遍轉向使用混合雲架構，國際大廠因應此趨勢，皆積極力推混合雲解決方案，協助企業提升使用雲端運算服務的管理效率與安全性，加速企業使用雲端運算服務。

雲端國際大廠如微軟推出混合雲解決方案 Azure Stack，並在新版的 Windows Server 2019 提供混合雲資料中心 Web 管理介面 Windows Admin Center，以管理公有雲服務 Azure 與企業內部資料中心的 Windows Server 架構。IBM 在 2018 年 10 月宣布以 340 億美元收購紅帽（Red Hat），併購後將以 OpenShift 作為跨雲混合雲架構的企業級產品，在雲端運算市場中與 AWS、微軟、Google 競爭。

網路設備大廠 Cisco 與 Google 合作，將自家混合雲平台放上 Google 公有雲服務。虛擬化軟體大廠 VMware 也與 AWS 合作混合雲解決方案 VMware Cloud on AWS，使企業用戶可在 AWS 雲端平台環境上執行 vSphere 與企業內部的 vSphere 虛擬化環境整合為混合雲架構。國際大廠皆積極發展混合雲解決方案，欲以混合雲方案提升其雲端服務市場的市占率。混合雲的發展趨勢，將不單只整合單一雲端平台，而是以跨多個公有雲和多個私有雲的多雲架構發展。

3. 眾多業者投入發展全新邊緣運算生態系

人工智慧與雲端的結合發展未來將轉向分散式的邊緣運算，邊緣運算是由傳統雲端服務延伸出的新需求，以滿足應用層面需要低延遲、高頻寬、安全與本地互連的需要如 AR、自駕車、無人機。據調研機構 TrendForce 預估，2018 至 2022 年全球邊緣運算相關市場規模的年複合成長率（CAGR）將超過 30%。

國際大廠 2018 年皆發表自家的邊緣運算服務，微軟以 Azure Stack 作為智慧型邊緣運算平台，AWS 推出 Lambda@Edge、

Greengrass、AWS Snowball Edge 三款可以搭配應用需求部署的邊緣運算方案，亦有邊緣運算新創業者如 Vapor IO、EdgeMicro 興起。眾多大廠與新創投入發展邊緣運算方案，逐漸形成全新的邊緣運算生態系。未來資料運算、分析、儲存等相關領域的市場成長將互相牽引，現今大量數據的產生與蒐集已不是問題，但如何透過運用這些資料與數據，將是未來雲端與邊緣運算之課題。

（三）未來展望

1. 雲端服務整合人工智慧發展趨勢明朗

2018 年眾多企業聚焦人工智慧發展，無論人臉辨識、商業應用、警政安防、金融科技、能源效率、智慧製造、農漁養殖業等雲端解決方案紛紛出爐。此外，新興科技如 5G，為萬物聯網的時代提供大量資料傳輸的通道，使各種類型人工智慧技術可以透過雲端服務整合至個人與企業的商業應用，也推動此波人工智慧普及，使人工智慧應用無所不在地融入生活中。

國際大廠如 Microsoft 計劃將 Windows 作業系統核心整合人工智慧，藉由「人工智慧+雲端」之戰略開創新局，作為未來重點發展方向。而 AWS Alexa 與 Google Assistant 的語音辨識能力亦展現 Amazon 與 Google 將人工智慧融入日常生活的發展策略，未來隨著雲端應用持續增加，整合型的智慧化服務將帶動更多新應用之開發。

2. 人工智慧布局朝持續深化發展

人工智慧應用已是左右未來數年乃至於數十年資通訊應用市場的關鍵議題，雲端大廠亦不會在此重要領域上落人於後，除積極參與各項專案、社群甚至主導技術發展之外，在相關服務提供方面，亦有從工具套件、外掛使用的模式，走向應用內建、運算隱含的態勢。

工具套件與外掛模式，即所為 AI-On-Cloud，由各家雲端業者在其雲端平台上，提供人工智慧環境或開發套件，協助應用端開發所需之人工智慧應用，例如 Google 的 Tensorflow 即是一例。

隨著部分人工智慧應用的成熟，諸如影像辨識或語音辨識等，雲端業者開始針對已經可成熟應用的技術領域，提供各種內含人工智慧功能的應用服務，讓使用端可輕易獲取人工智慧的支援，例如 AWS 的 API-driven Service，即所謂 AI-By-Cloud。

眾所周知，人工智慧的運算模式有其特殊架構，故不少業者亦開始朝軟硬整合方向進行，直接開發專屬的人工智慧計算晶片，為其人工智慧平台提供最適化的運算架構，例如 Google 開發的 TPU 晶片，可稱之為 AI-In-Cloud 類型。

四、資訊安全

（一）產業趨勢

2018 年歐盟 GDPR 法規為個人隱私保護翻開嶄新的一頁，人工智慧技術、區塊鏈、乃至於 5G 網路的逐步走向落地、導入與商轉階段，更為全球資訊安全市場開啟更多的機會。下文以新興應用領域為經，技術發展為緯，解析 2019 年全球資訊安全市場重要趨勢與觀察。

1. GDPR 引領全球法遵需求上揚

歐盟新隱私法規 GDPR 自 2018 年 5 月生效以來，已陸續在歐陸各地產生裁罰案例，諸如法國對 Google 的 5,000 萬歐元、葡萄牙醫院的 40 萬歐元、德國聊天平台資料外洩、奧地利企業在公共空間不當攝影監控等，均充分呈現歐盟藉由 GDPR 嚴格保護個人隱私的決心。於歐盟地區之外，GDPR 對於國際社會的影響，亦逐漸發酵。

其影響範圍除了表面上的歐盟地區、與歐盟區民眾個資高度關聯性的企業機構之外，對於欲進入 GDPR 規範中跨國傳輸白名單的

國家地區，或是欲進一步增進本國個資保護的程度，都將促使其以 GDPR 為參考標準，強化本國在個資保護的法制基礎。易言之，企業就算當前短時間暫時沒有受到 GDPR 的衝擊，但在可見的未來，各國在 GDPR 示範下，對於民眾個資保護的立法跟風現象將是可預期的，對於所牽動的法遵規範與市場需求，亦備受期待。

2. 工控安全

近年在智慧製造、工業 4.0 等議題的推波助瀾之下，資訊網路通訊技術愈來愈多被應用至工業領域，工業控制系統也從過往封閉運運作環境，逐步與企業內部網路、網際網路相互連結，進一步整合至整體的企業網路架構內，在連結透通性逐步升高的情況下，傳統工業控制系統所仰賴的實體封閉性已不復存在，工控安全事件的出現亦不再是零星個案。以 2018 年的台積電產線中毒事件為例，僅僅因一個新機台移入的漏掃疏忽，就造成近 80 億新臺幣的商業損失，顯見工控安全事件的動輒得咎。

加之跨國黑色產業鏈的崛起，諸多工控事件的發生，均朝向是獲取經濟利益為目標的團隊攻擊活動。故而面對未來的資安防護環境，企業必須從心態上根本覺醒，揚棄傳統工廠自動化的視角衡量工控安全；更需要內外兼備，對於內部網路的安全防護，多從人性角度出發，秉持不信任的態度，才是萬全之道。

3. 區塊鏈安全

根據國際區塊鏈安全公司所發佈調查數據顯示，僅 2018 年上半年就有約當 7.3 億美元的加密貨幣從交易平台被盜走，規模大幅超越 2017 年 3 倍以上，其中包括 2018 年最大的加密貨幣被盜事件的日本 Coincheck 被盜、韓國的 Coinhack 遭駭、中國大陸最大的幣安（Binance）攻擊事件，以及日本加密幣公司 Tech Bureau 旗下交易所 Zaif 遭駭客竊走價值 67 億日圓的加密貨幣等。眾多加密貨幣交易所

遭竊事件層出不窮，顯示出因區塊鏈技術發展帶動的加密貨幣市場，亦面臨高度的資訊安全威脅。

事實上，區塊鏈的資訊安全防護，最主要需考量兩個重點，一為區塊鏈系統本身的安全防護機制，另一個重點則是架構於區塊鏈系統上的應用服務安全防護機制。其中，加密貨幣交易所的安全問題，僅僅只是區塊鏈技術應用服務安全的一部分，與程式漏洞、私鑰安全、錢包管理均屬表面層次，尚未涉及區塊鏈技術的核心安全。然隨著區塊鏈應用逐步進入企業應用深水區後，涉及技術核心安全的協議缺陷、智能合約漏洞、51%攻擊問題、流量劫持等安全議題，勢將開始困擾導入企業，反之也將掀起新的資訊安全防護革命。

（二）大廠動態

雲端巨擘 Google 母公司 Alphabet 設立網路安全子公司 Chronicle，並且併購資安公司 Postini；AWS 併購商業威脅分析新創 Sqrrl Data，及人工智慧資安公司 Harvest.ai。傳統資安廠商則有 McAfee 收購雲端安全公司 Skyhigh Networks、趨勢科技併購代碼安全檢測資安廠商 Immunio、以及賽門鐵克陸續併購 VeriSign、Blue Coat 及 Lifelock 等積極動作。至於大型資訊服務業者如 Facebook 為拯救其資安問題，不斷傳聞將收購網路安全公司以緩解其守護隱私不振的形象；微軟挾其雲端業務高漲，收購新創 Hexadite，強化資安事件自動化管理；而 SAP 則以 3.5 億美元併購以色列新創 Gigya，強化客戶身分管理能力。

不論是雲端服務大廠、傳統資安業者或是大型資訊服務業者，面對持續加劇惡化的資訊安全環境，透過市場收購新創資安業者成為一條快速建立安全護城河的終南捷徑。

（三）未來展望

1. 5G邁向商轉的新資安挑戰

在國際上一片封鎖華為5G產品的聲浪中，即表示5G邁向大幅度商轉的態勢已箭在弦上。惟其嶄新的通訊技術、新型態網路架構、全新樣貌的垂直應用服務，卻也為資訊安全與用戶隱私保護帶來全新的挑戰。

例如高度期待5G環境的無人車或是智慧交通應用，或是智慧醫療中執行遠距手術等需要高度精細、低延遲的活動，由於涉及最即時性安全考量，與民眾生命安全息息相關，若遭受資安攻擊，導致網路訊號的中斷，將有可能引發難以承受的疏失。

因此，如何能夠因應多種應用場景以適應多種網路接取方式與新型網路架構，進而提供差異化安全服務、保護用戶隱私，不僅僅是標準制定者、技術設備與應用開發者的首要任務，亦表示出對於相異的5G網路應用場景，資安服務提供者必須考量的資安面向亦有所不同，多個垂直、嶄新的5G網路應用資訊安全市場將同時誕生。

2. 量子計算發展牽動加密應用升級

IBM於2017年3月，推出全球第一個商業化量子計算雲服務IBM Q；搜尋引擎霸主Google於2016年發動Google量子霸權開發計畫，並在2018年3月展示具72-qubit的處理器「Bristlecone」，宣示成為全球具備最多量子位元的量子電腦；微軟與Intel亦積極投入資源發展量子計算技術，以圖在電腦架構進入量子世代時能夠佔有一席之地。

當前資訊安全加解密的主流技術是RSA非對稱加密演算法，分別利用公開金鑰與私有金鑰進行資訊加解密，其基礎是假設古典電腦需費時運算才能破解密碼，例如破解RSA-2048密鑰可能需要耗費古典電腦10億年的運算時間，幾乎是不可能的事，安全性很高，故該加密技術在各領域中被廣泛使用，惟量子計算商用化後，古典密

碼學中的假設基礎將不復存在,亦將掀起一波抗量子加密技術商業化發展的契機。

3. 人工智慧應用的風險即將襲來

在人工智慧技術已經快速滲入各垂直應用領域下,其扮演選擇、決策與主導之角色亦將更加吃重,倘若其運作邏輯、演化過程或推測機制設計不慎或是遭到外力竄改,則將引發更嚴重的危害,其運用潛在風險將難以估量。

然當前探討人工智慧技術應用安全與風險的聲浪,多仍侷限在倫理道德層次的辯證,諸如機器人三定律問題、無人車道道德困境或是資料使用與隱私的問題等。在各垂直應用領域日益仰賴人工智慧技術支持的情況下,包括數據安全、模型安全與程式碼安全等問題均將成為人工智慧應用發展的風險來源。

其中,數據安全係指攻擊者在不利用平台軟體實現漏洞或機器學習模型弱點的情況下,只利用深度學習數據流中的處理問題,就可以實現攻擊;模型安全則是在不改變目標機器學習系統的情況下,通過輸入特定構造樣本以完成欺騙目標系統的攻擊;至於程式碼安全,來自於人工智慧應用須透過系統、軟體予以實現,倘程式撰寫時形成漏洞,則將給予外界可趁之機,造成潛在的運作風險。

隨著各界對於人工智慧技術與應用的導入持續加速的態勢不變下,反思與因應人工智慧應用可能的風險,將開啟資訊安全領域新的藍海市場。

4. 人工智慧資安技術減緩資安人才缺口壓力

人工智慧的應用發展快速,許多企業已採用人工智慧來進行轉型、改善業務流程,但與此同時,物聯網、人工智慧、App 應用等技術也使得企業機敏資料、設備更多暴露在資安風險之下,有大量的數據資訊需要監控來偵防資安威脅,使得資安專業人才欠缺問題

更加彰顯、內部培養亦緩不濟急，因此可善用國際大廠人工智慧技術的資安方案與資安服務，以有效運用企業的資源與節省人力投資。

5. 雲端服務與資安專家為人工智慧資安發展重點

　　研發人工智慧技術應用於資訊安全防護，需要由端點、網路設備與雲端服務中，收集大量數據並對數據資料進行特徵標籤，再進行機器學習模型訓練，推測出異常的行為，以協助資安人員偵測出潛藏的資安威脅，但機器學習模型訓練，需大量的資料儲存空間與高效能的運算資源，雲端運算服務的優勢，可滿足這方面的需要，以避免在人工智慧資安產品在研發初期，就投入大筆資金採購硬體設備。

　　再者資安攻擊方法越趨複雜多變，惡意人士亦在使用人工智慧技術來預測目標對象的行為，如預測企業高階主管出差會議飯店等資訊，以縮小範圍進行資安攻擊的準備，要發展人工智慧資安產品，需要資安專業團隊來協助資訊安全偵查、防範與事件回應處理的專業判斷，以訓練機器學習模型。

第四章 臺灣資訊軟體暨服務市場個論

一、系統整合

(一) 產業趨勢

臺灣系統整合市場主要透過資訊服務業者代理國內外資訊軟硬體，協助企業客戶執行導入、安裝、客製化、系統整合、維護等服務。早期臺灣資訊服務業者主要透過代理國外伺服器、網路設備、系統套裝軟體、應用套裝軟體等軟硬體，協助本地企業客戶進行安裝與導入，逐步進入本地企業系統應用市場。但隨著系統整合市場的發展，許多標準套裝軟體的功能不足以因應企業需求，衍伸出企業客戶個別專屬的需求，資訊服務業者進一步朝向提供客製化調整方案，以滿足客戶需求，隨著行業經驗的累積，逐步建立完整的行業別應用解決方案，提高附加價值。

故系統整合市場亦可細分為系統設計業務、系統建置服務以及顧問諮詢服務三個部份。早期臺灣系統整合業者以系統建置服務為主，輔以系統設計業務以及顧問諮詢服務，對於大多數企業需求方而言，為求整合、便利與一致性，將系統設計與建置、顧問諮詢合而為一。由於系統整合業務高度重視服務，對於行業別的知識高度要求，因此長期以來臺灣的系統整合業者以內銷市場為主。以領域別區分，以金融、製造、流通等領域需求為大宗。

(1) 雲端服務：企業在部署雲端環境時，由於資料安全的疑慮，並不會將企業核心資料部署於公有雲上，仍需要有許多配套措施，但私有雲需要更高的前期建置成本，因此企業採用混合雲架構的比例不低。企業採用混合雲能讓資料以及應用程式在公有雲及私有雲之間共用與移動，讓企業能夠更具靈活性，且提供更多部署的選項，在部署公有雲時，須考慮到資料隱私、機密性，是否具備相關安全配套措施以及資安防護，此外，雲端管理也是重要的議題，管理上的瑕疵皆有可能影響到企業整體資源的可用性以及穩

定性,這都將加深與加大系統整合業者在混合雲需求下的新商機。

(2) 資訊安全:隨著資訊安全威脅逐漸演進,企業因應方案上大多陸續購置與布建各式資訊安全的軟硬體產品。惟當前資安威脅已經從單一型態攻擊轉向為複合式攻擊,企業所面對的攻擊型態早迥異於過往,但資安防護方式卻未能與日俱進,企業將會面臨莫大的損害。因此,當前企業資安防護觀念當從各行其是走向整合因應,此舉將驅動企業端相關資安產品與服務的整合規劃需求。

(3) 物聯網與人工智慧結合(AIOT):從基礎的感知層、網路傳輸層,以及數據儲存與運算的平台層上,存在系統整體規畫、軟硬整合的需求,需要系統整合業者協助企業應用。目前尤其是在智慧醫療、智慧工業、智慧零售、以及政府相關的智慧城鄉的應用上,皆與物聯網結合人工智慧有關,將帶動相關軟硬整合、系統建置與導入等市場機會。

(4) 智慧製造應用:在中美兩國貿易競爭的態勢底下,造成臺灣的製造業回流,臺商回流首當其衝要面臨的即是五缺問題,尤以缺人最為嚴重,勞工短缺的因素,不再如同以往以廉價勞動人力紅利換取獲利的模式,因此,製造業未來在智慧化以及自動化轉型更為重要。製造業在生產過程中的電腦視覺輔助、生產大數據資料,以提高良率、設備預測性維護以及工業機器人的應用等應用,將導致企業內各式的傳感裝置、控制系統以及製造設備等工業控制系統相繼連接至企業資訊環境,企業資訊網路架構趨向複雜化,資訊系統以及作業系統緊密的連結,造成資訊環境的安全性以及穩定性出現問題。然隨著企業需求投入智慧製造,其資訊架構將走向複雜化,將驅動企業診斷、架構設計以及系統重整等相關資訊的商機。

(二)產業動態

臺灣系統整合業者主要業務以代理國外硬體產品或軟體產品後,根據企業客戶的需求,提供系統安裝、系統維護、軟體客製、

異質軟體整合乃至於發展適合本地市場、各種行業的整合性解決方案。因此，臺灣諸多資訊整合業者經常身兼國際大廠夥伴及產品服務代理商的角色，諸多國際資訊大廠在推展臺灣市場業務時，常以結盟、夥伴關係形式結合國內系統整合大廠共同開發國內市場，臺灣系統整合市場將受惠於以下之發展：

1. 人工智慧

當企業逐漸嘗試應用人工智慧在日常營運上，企業對於人工智慧的接受度也逐漸提高，臺灣系統整合業者搭配國內外人工智慧相關業者共同提供企業解決方案。

(1) 智慧工業

智慧製造解決方案協助企業進行生產操作監控，並且透過人工智慧模擬與運算，達到成本控制的效益，也發展透過人工智慧影像辨識技術，應用在工安辨識上。

(2) 智慧金融

著重在聊天機器人的應用，透過 chatbot 與客戶接觸，並且透過人工智慧結合金融投資相關數據，進行金融商品評估以及金融諮詢等功能。

(3) 智慧醫療

透過人工智慧的自然語言處理等技術，提供病人診前導診的服務，一般透過通訊軟體的對話過程，在看診醫療前的階段，引導病人完成掛號的程序。

2. 資訊安全

資訊安全威脅持續演進，而隨著企業資訊化程度提高，對於資訊安全的議題足以直接影響企業的營運，從客戶資料保護、各個裝置端點安全、雲端資料防護等，如遭駭客入侵，皆會對於企業造成莫大的危害。

(1) 韌體安全

隨著各種裝置、設備逐漸連結網路,將會面臨資訊安全的風險,韌體層的安全經常被忽視,韌體能連結各種設備裝置,如遭到入侵或是損害,將可能影響企業營運,臺灣的業者投入在韌體安全的檢驗上,在物聯網蓬勃發展之下,透過檢測掌握裝置的資安漏洞。

(2) 工控安全

工業控制系統(Industrial Control Systems,ICS)如 PLC、SCADA 等的安全也日益重要,隨著 IT 與運營技術(Operational Technology,OT)系統交疊,工控系統的安全逐漸受到重視,系統整合業者也結合相關資安業者提供資安服務。

(3) 雲端安全

由於虛擬化以及各種雲端服務興起,且雲端的架構日趨複雜,傳統的邊界防護難以保障資料安全,企業在虛擬化的環境中將面臨更嚴峻的資安挑戰,而隨著企業將更多重要資訊放在虛擬化環境上、或是 Docker 容器中,與傳統的 IT 架構迥異,其所需的資安防護亦需要與時俱進,系統整合業者在系統規劃設計時,需要將相關的資安問題考量。

(4) 端點安全

隨著新興的威脅不斷出現,各端點的安全防護出現漏洞皆可能讓駭客趁虛而入,尤其是進階持續型威脅(Advanced Persistent Threat,APT)讓企業難以防範,目前業者能透過人工智慧結合資安,在異常行為判定上進行端點安全防護。

3. 雲端服務

企業對於雲端的接受度逐漸提高,對公有雲而言,由於投資障礙低,受到業者的青睞,而私有雲雖然建置成本較高,但其控管程

度較高，因此企業也存在私有雲的需求，系統整合業者提供企業以下幾種服務。

(1) 協助企業打造混合雲的架構

臺灣的中大型企業普遍因為資料安全的疑慮以及成本、管控程度的考量，在雲端的部署上傾向採用混合雲的架構，且隨著雲端平台技術走向標準化與開放，讓企業能夠建置橫跨公有雲及私有雲的系統。在舊有本地系統需要轉向彈性的私有雲，部份系統採用公有雲，不同環境間的系統連結與頻繁的資料流動，都將加深與加大系統整合業者在混合雲需求下的新商機，系統整合業者提供規劃諮詢、建置轉換、整體維運等服務，協助企業客戶導入公有雲以及私有雲。

(2) 協助企業打造虛擬化架構

虛擬化架構使用軟體模擬硬體，建立虛擬電腦的環境，讓企業在虛擬的系統上執行更多任務，並且能夠在單一伺服器上執行多個作業系統以及應用程式，增加 IT 的靈活性與彈性，系統整合業者提供企業虛擬化架構的建置與顧問服務。

4. 物聯網應用

物聯網應用橫跨各垂直領域，物聯網裝置更是五花八門，物聯網應用的關鍵是軟硬整合的搭配，因此蓬勃發展的物聯網應用增加系統整合業者發展的商機。而近年除了裝置的應用外，業者開始重視數據分析的價值、軟硬體的整合，對於資料的儲存、分析、利用為相關業者目前的發展方向。

（三）未來展望

企業的數位轉型並非僅單純升級企業軟硬體設施，也非僅協助企業導入或整合數個新興應用即可，企業數位轉型的核心價值在於

結合企業未來經營方針,重新思考企業資訊架構,以建立一個可充分支持企業數位營運的基礎環境。因此,如系統整合業者仍維持舊有觀念,僅從局部需求思考資訊系統,而非從全面切入,將難以協助企業勾勒其數位轉型的樣貌;從技術面來看,系統整合業者目前更面臨混合雲架構、資訊安全的防護、物聯網應用、乃至於人工智慧等新興技術之挑戰,若無法在技術上與時俱進,亦難以因應企業技術所需,建構合宜企業之資訊架構。

國內業者的系統整合能力十分優越,但系統整合的成本在於人力,以資訊服務及軟體產業來說,系統整合的附加價值相對為低,國內的業者應思考讓資訊服務與企業的經營績效進行掛勾,協助企業數位轉型的同時,能反饋到企業經營績效上,以提高人力服務的附加價值,此外,政府應積極的鼓勵國內企業積極地採用新興科技,提高國內業者解決方案的成熟度,將是市場外銷的重要關鍵。

二、資訊委外

(一)產業趨勢

資訊委外指的是企業將資訊軟硬體的開發、維護與企業流程等業務,以超過一年以上的長期契約,委託服務提供商代為處理。資訊委外的目的主要是企業因應聚焦核心事業及專業人力不足的問題,透過委託方式將部分資訊活動由外部第三方業者執行,將企業資訊化交由專業的服務團隊處理,以降低運作成本及提高執行品質。臺灣資訊委外服務市場可以分為資訊管理委外、流程管理委外、程式開發委外、系統維護支援等。

傳統資訊委外包含服務商針對客戶擁有的資訊軟硬體設備提供資訊系統日常營運的管理,諸如電腦的軟體安裝、版權管理的資訊管理委外,臺灣在傳統資訊管理委外市場方面,過去主要以實體主機代管服務為主,由自有資料中心或租用資料中心的一類或二類電信業者,提供企業主機設備置放、連接、遠端管理維護的服務。近年企業資訊環境逐漸走向虛擬化與雲端架構,導致傳統資訊管理委

外的市場規模逐漸縮減，加上因應雲端技術的演進、單位網路頻寬的價位降低，受到許多國外大型業者分食，企業對傳統資訊委外業務的需求朝向雲端服務移轉。

企業流程管理委外將業務處理流程、人力、電腦系統均委託給企業流程管理委外業者，臺灣最為常見的流程管理委外為客服中心委外、信用卡處理流程委外、帳單列印委外等，傳統企業流程委外服務幾乎為客服中心的代名詞。近年企業流程委外管理由於企業經營環境日趨複雜，企業持續聚焦本業、切割非核心業務或營業活動，成為企業保持競爭能力的一帖良方，再加上人力成本不斷提升，企業為將人力釋放，由企業流程委外業者提供服務。臺灣在企業流程委外需求方面，對於金融業務相關的委外而言，均具備在地化需求的特質，如行銷中心、各類帳單等，由於金融業屬於管制行業，該類型的業務涉及金融法規對於資料落地的限制，較無跨國競爭的問題；對於客服中心委外而言，臺灣企業在面臨勞動力成本逐步走揚的情況下，將直接驅動委外客服中心業務的成長，但臺灣經營客服中心的成本逐漸提高，可能為境外客服中心委外服務業者分食；對於製造業而言，供應鏈流程委外則有運輸、倉儲、產品回收維修等物流活動的委外市場，在臺灣製造業回流，加上企業自建物流不敷成本之情況下，將逐步釋放出來，有助於增進供應鏈流程委外的市場規模。

程式開發委外補充企業程式開發人力不足，提供企業設定規格的程式開發，並提供企業擁有之軟硬體系統的年度保固、升級的維護支援與教育訓練的系統維護支援。程式開發代工主要協助企業開發、測試、部署、品質保證應用程式的開發與生命週期管理。

（二）產業動態

在臺灣資訊委外市場方面，廠商的服務種類相當多元，提供相關服務的廠商類型亦各不相同，如系統整合商、軟體服務業者、電信服務業者或客服中心等。本段落主要介紹臺灣市場主要經營委外服務的廠商動態。

1. 資訊管理委外

資訊管理委外主要協助企業代管主機系統,有自建以及租用型的資料中心提供服務。近年來受到公有雲端服務接受度提高,加上國際虛擬主機代管業者的競爭下,其經營環境日趨艱難,不少業者逐步開闢各類雲端服務,如提供一站式雲端服務平台,以及視覺化的介面呈現方式提供管理加值的服務,或是直接代理國際公有雲業者產品服務等。

在自有虛擬主機服務方面,業者提供基本的雲端虛擬主機環境,或是在基本虛擬主機環境上,加值提供包括資料庫、電子郵件、網域管理等服務,自建資料中心業者或租用資料中心業者均提供此服務。

在提供自有雲端服務方面,多半是以自建資料中心業者為主,利用本身硬體設施基礎下,提供企業 IaaS、PaaS 與 SaaS 等公有雲服務,或虛擬私有雲服務。在面對國際公有雲服務業者競爭下,不少業者選擇競爭又合作的模式,即成為國際公有雲業者產品或服務的代理商。

2. 企業流程委外

臺灣最為常見的企業流程委外為客服服務中心委外、金融流程委外或供應鏈流程委外等,客服中心委外佔企業流程委外的占比最大,其次為金融流程委外。

(1) 客服中心流程委外

客服中心委外業務佔企業流程委外的占比最大,客服中心業務早期起始於企業將繁瑣但人力需求高的電話接聽中心業務切割,逐步演變成企業提供更廣泛的客戶服務業務,此外,由於部分客服的工作能透過智能客服完成,因此客服中心流程委外從被動的產品服務客訴轉向主動的產品行銷,透過掌握客戶決策流程進行客戶行為分析。

(2) 金融流程委外

金融業務支援包含收單帳務系統以及發卡帳務系統，收單帳務系統從彙整交易請款資料開始，依約定之手續費、回佣率、執行清分、清算、付款及相關會計帳務處理作業，透過各種參數，滿足收單業務多元需求。而發卡管理系統從行銷規劃、進件申請、交易授權、交易處理、帳款管理到逾期催收，支援發卡生命週期各階段。

(3) 供應鏈流程委外

供應流程委外方面，多為傳統的第三方物流業者所經營，提供包括運輸服務、倉儲服務等業務流程委外。

3. 程式開發委外

程式開發委外主要的目的在於補充企業程式開發人力不足之困境，諸多臺灣資訊服務業者、系統整合廠商均提供這類型服務。亦有專業程式開發委外廠商側重軟體產品研發委外為主，或協助微軟、IBM 等國際軟體產品業者進行產品本地化、產品客製化服務。

(1) 行業解決方案

基於產品委外所累積的產品開發、行業別經驗，程式開發委外業者也發展相關的行業解決方案，透過與特定領域業者的合作發展出完整的解決方案。

(2) 數位轉型服務

程式開發委外業者協助企業進行各項新興技術開發，包括人工智慧、行動裝置 App 設計、嵌入式系統與設備、雲端系統工程等。

（三）未來展望

　　傳統的資訊委外受到人工智慧、雲端應用、行動應用、物聯網應用、巨量資料等新興科技的影響，臺灣資訊委外廠商的服務內容以及產業樣貌將逐步改變，資訊管理委外業者從主機代管轉而提供公有雲及私有雲的服務；而企業流程委外管理業者利用人工智慧的結合企業流程，透過機器人客服降低人力成本的負擔，在成本以及效能上面更具競爭力；而程式開發委外方面，隨著人工智慧、行動裝置以及物聯網的發展，其多元的平台及複雜的開發環境，有助於程式委外開發的商機拓展。

三、雲端服務

（一）產業趨勢

　　臺灣雲端運算廠商主要以 OEM、ODM 資料中心的伺服器、儲存、網通、電源系統等硬體設備為主。近來在開源趨勢的影響之下，臺灣廠商除了白牌商機，也因積極投入於開放專案的硬體架構開發，已然成為大型資料中心供應鏈中的重要角色。雲端服務方面，主要以臺灣電信營運商服務企業用戶為主，雖已有廠商開始發展產業應用的雲端平台服務，尚在初期發展階段。當前白牌商機仍是國內廠商主要的市場，另硬體與 Software-Defined 技術的整合，以及持續把握開源專案帶來的資料中心硬體設備商機，仍是為未來主要的發展方向。

　　雲端運算在過去 10 年國內外大廠不斷進行技術研發，加強使用者信心，目前已經讓企業大幅採用，因而也帶動國內相關服務產業的興起。

（二）產業動態

臺灣在雲端運算服務業者，目前在基礎建設即服務（IaaS）方面，以中華電信、是方電訊提供 IaaS 服務最為投入使用國產的雲端軟體，另外，臺灣大哥大、遠傳與宏碁 eDC 也都有提供公有雲服務。

此外，在 IaaS 整合服務方面，則有許多代理或技術服務業者，幫助國內企業快速導入國內外大廠提供的雲端運算服務，較小型專業的有 CloudMile、伊雲谷、銓凱、GCS 等，而精誠資訊、大同世界科技等也都是投入雲端運算很久的大型系統整合業者。

另外，在軟體即服務（SaaS）方面，許多企業資源軟體公司，也開始轉型提供雲端服務，例如鼎新電腦，就開始提供雲端 ERP 服務。此外，不管在 ERP、CRM 或是辦公室協作、eLearning、通訊與物聯網服務等，都有很多業者投入 SaaS 服務。

而雲端業者的下一步，開始進一步提出大數據分析、物聯網建置與分析服務，甚至進展到雲端人工智慧分析服務，提供智慧語音機器人、影像辨識等應用服務，成為產業下一階段導入的挑戰。

雲端運算已經是產業普遍認同的技術，因此國內雲端運算服務產業也蓬勃發展，不管在 IaaS、PaaS、SaaS 都有大量業者投入。

（三）未來展望

1. 原生雲端服務增加，多雲端環境成主流

在全球電信營運商致力布局 5G 網路環境下，各種規模的應用可透過快捷便利的網路由雲端布局。此外，各大雲端基礎建設服務商如 Google 與 Amazom 均在 2018 年積極擴建雲端資料中心，縮短服務的延遲時間，提供高效率的資料處理能力。在此背景下，各式原生雲端之應用透過大型平台的協助，得以有效布局。

對企業而言，單一雲端平台將難以滿足所有工作需求，故多雲端環境之布局將成為企業面臨的下一個議題。2019 年將有眾多企業

布局多雲工作環境，以提高企業效率與數位轉型。此舉可望帶動市場上多雲端工具與平台整合的組合性產品發展，軟體供應商將持續推出多雲端解決方案，以推動跨雲環境之無縫接軌。

2. 資料中心白牌伺服器及儲存比重成長，受惠臺灣廠商

　　臺灣在雲端資料中心硬體供應鏈中扮演重要角色，近年來在雲端運算服務需求成長趨勢之下，AWS、微軟、Google、Facebook、阿里巴巴與騰訊等國際雲端運算服務大廠皆積極擴展其雲端服務市場版圖至東南亞市場，並規劃建置在地資料中心提供雲端服務，臺灣伺服器廠商除了傳統伺服器大廠如戴爾、聯想、惠普的訂單之外也與國際雲端服務大廠合作，營收持續大幅成長。

　　近來資料中心的儲存設備比重逐漸成長，臺灣伺服器代工大廠不僅在原有的伺服器業務高速成長，也擴展儲存設備的比重，亦積極轉型提供資料中心系統整合服務，除了硬體的代工外，加值提供軟、硬體整合的資料中心解決方案，持續強化在雲端資料中心的服務能量。

3. 中美貿易戰持續延燒，影響臺灣資料中心硬體供應鏈廠商

　　中美貿易戰影響雲端大廠資料中心建置成本大幅提高，因短期內大型資料中心客戶會吸收相關成本，對臺灣雲端資料中心硬體供應鏈廠商不致於有太大影響，後續對有經營 Tier2／Tier3 雲端服務供應商如 Uber、Airbnb 的臺廠業者有較大影響。臺灣廠商亦規劃將產線移出中國大陸生產以避免關稅問題，整體而言，預估全球雲端運算服務市場往成長趨勢發展，企業 IT 基礎架構規劃之趨勢往雲端運算方向發展。

　　臺灣系統整合廠商在第一線面對企業時，感受到企業主對運用新興技術協助企業轉型發展的認知程度不足，需有計畫安排企業主對於企業轉型發展的商業策略課程，幫助企業主提高意願採用新興

技術發展新的商業模式。再者臺灣的新創業者能看到市場的需求進而快速開發出產品，唯創業需要資金與人才，需政府在資金與人才培育兩方面給予支持，對他們會有很大的助益。最後對於綠能產業發展部分，因臺灣市場小、資料少、缺乏整合，尚未出現建置大型監控系統的需求；需先刺激市場需求，提供穩定的網路傳輸方式，使再生能源電價下降，以活絡市場。

　　雲端運算已經是產業普遍認同的技術，因此國內雲端運算服務產業也蓬勃發展，不管在 IaaS、PaaS、SaaS 都有大量業者投入。人工智慧已然是未來數年至數十年雲端產業核心議題，人工智慧核心技術之發展，使用資料的質與量皆為關鍵。國內人工智慧的發展可以公用領域開放資料為始發展人工智慧技術。

　　對於未來的持續發展，政府投入計畫可以加強訓練人工智慧人才培育，並透過活動辦理，引導企業老闆投入相關技術研發。人工智慧等新興技術需要大量資源投入，政府應透過產業補助，幫助新創業者成功營運。需求方在導入公有雲系統，往往有網路串接的問題，需要新興網路技術持續投入，協助業者突破成本難關。

　　政府需持續與企業攜手合作，致力將應用落實，同時進行人才的訓練，思維改變，法規鬆綁，提供產業更大的空間，激發新創的力量。

4. 物聯網與雲端的智慧應用

　　物聯網是雲端架構下的一項應用，兩者關係密不可分，有了雲端技術的支援，才能達到物聯網中萬物皆可聯網的願景。觀察臺灣在「端」裝置與「雲」設備，包括感測器與物聯網終端整合製造能力，在全球具有相當的優勢，唯對特定演算法晶片則與全球一樣，皆處探索開發期，因此如何利用優勢所在以截長補短、借力使力，發展如智慧工廠、智慧物流、醫療照護等智慧化的雲端與物聯網應用服務，為我國在尋找雲端服務之出海口與附加價值提升之經濟發展轉型的擘畫路徑。

近年來政府致力智慧服務技術開發，以協助產業轉型與發展新事業，創造高價值整合服務；以智慧系統服務推動雲端應用，提升雲端服務價值；帶動臺灣資通訊軟體及服務業知識化、高值化與國際化。面對雲端與物聯網環境的快速成長與新經濟時代下之產業發展，為提升並有效整合雲端與物聯網軟體及關鍵技術開發能量，以臺灣優勢產業為後盾，綜效思考相關開發，發展未來產業應用所需之關鍵軟體技術，強化臺灣產業優勢地位，形成典範應用及擴散，落實產業化的輪廓。

臺灣製造業主要以出口為主，必須面對國際競爭，在德國、美國、日本、中國大陸等主要國家積極推動製造業升級下，臺灣製造業亦有數位轉型的迫切性。而對製造業而言，數位轉型的核心即是往工業4.0發展。「智慧製造」從2014年開始被產業界所關注，雖然在2017年相關技術與應用才開始成熟，導入智慧製造的關卡在2017年開始為企業提供破解之道，例如機器設備聯網部分，開始有統一標準的規劃；而在資料分析模型建置與資料數據應用部分，學研單位也開始與產業界進行交流。然這些技術開發與應用擴散其實都不難且都持續進行，但是觀察現階段產業開始導入的比例卻不高，關鍵即是在於企業主本身的投資意願，畢竟智慧製造的資本支出相當龐大，加上可以回收的年限也相對較長，冒然決定投資都將影響企業的經營績效。因此，何時可以出現「高性價比、高安全性、高整合性」以及符合臺灣產業特性的解決方案出現，相信才是臺灣提高「智慧製造」導入比重的關鍵。

臺灣中小企業的比例較大，工廠規模較小，偏向代工的屬性縮短了在整個供應鏈的縱深。未來產品客製化的傾向若日趨明顯，建立臺灣獨特的智慧型小型產線特色，有別於先進國家的大型產線，是非常有必要的。因此未來臺灣必須定義適合的產線規模，在供應鏈能夠發揮的力量，規劃出具前瞻性的商業模式，並聚焦在軟體的發展，培養能夠熟練運用數位技術的人才，方能提升製造業的競爭力。

四、資訊安全

(一)產業趨勢

近年來全球因物聯網、區塊鏈、人工智慧等趨勢，出現許多新型態的資安攻擊與勒索軟體事件，加上歐盟公布實施 GDPR（General Data Protection Regulation）的影響，驅使全球企業高度重視對雲端安全與企業基礎資訊架構的資安防護，IDC 預估 2018 全球資安產品營收約 395 億美金，預期以 8.6% CAGR 成長至 2022 年的 544 億美元規模。全球資訊安全產業結構涵蓋資訊安全廠商、網路通訊廠商、企業資訊科技廠商等，資訊安全產品市場往更複雜與多元的面向發展。

(二)產業動態

臺灣資安產業生態體系從資安軟體原廠到經銷商、代理商至提供企業資安整合服務的系統整合商、資安顧問公司、資安服務專業供應商、電信業者等已形成完整的資安服務供應體系，目前的資安軟體技術依然以國外大廠的產品居市場的領導地位。

臺灣產業近年來在金融、製造、醫療等領域發展智慧應用，相關雲端運算、人工智慧、物聯網、行動支付等科技帶來了便利也衍伸出如何確保企業及個人的資料受到保護等議題，像是第三方電子支付的服務業者如何保護消費者的信用卡資料等。資訊安全架構的重點是資訊安全管理、身分與存取管理以及資安政策管理等三大方面，例如物聯網服務對應此三個面向，分別為物聯網裝置的安全性：諸如物聯網裝置的授權及驗證架構、作業系統與軟體更新程序、設備硬體架構的安全性；再者是存取控制的安全：外部系統識別裝置、驗證合法裝置、API 介面的安全性；與資料傳輸的安全機制：物聯網裝置在對外傳輸資料的安全加密。目前當紅的區塊鏈技術常應用在虛擬貨幣上，因有著重大金錢利益而遭到駭客入侵造成業者重大財務損失，區塊鏈去中心化的方式雖然確保資料的不被竄改性，但如

何確保區塊鏈上的資料加密以防止資料外洩，新興技術的興起所造成資料安全的疑慮是未來資安的重要議題。

（三）未來展望

1. 資安危害沒有最嚴峻，只有更嚴峻

細數 2018 年的全球資安危害事件，資料外洩事件持續縈繞在我們周遭，尤以社群媒體更是重災區，其中 Facebook 劍橋分析事件、Twitter 用戶密碼洩漏等均為指標案例；WannaCry 病毒似乎逐漸被大眾遺忘，台積電產線遭攻擊事件，再度把大家記憶拉回 2017 年中的全球肆虐場景，並曝露出工控資安脆弱的一面；加密貨幣市場錢潮似乎逐漸消退，但 2018 年交易所遭駭事件卻是一樁接著一樁，受害規模也屢創新高。以上事件皆在在顯示出，進入 2019 年，企業或個人在面對資安危害一事，情勢只會更加險峻，更不能夠掉以輕心。

2. 新應用輩出，藍海市場浮現

不論是歐盟 GDPR 的示範效果牽引，還是區塊鏈技術所開拓出來的加密交易所防駭需求，抑或是人工智慧技術逐步涉入企業核心應用的範疇，乃至於 5G 網路的商轉預期，加計雲端運算的滲透率持續上升，容器技術、微服務的成熟，都讓資訊安全市場持續呈現一片欣欣向榮的態勢。

在各種新興技術逐步邁向落地、導入、商轉與成熟等階段，諸多不同資訊安全威脅與挑戰亦將隨之而來，使用端有正視的必要，對於供給端而言，更是不能錯過的良機。

3. 網路資安威脅更加嚴峻，善用人工智慧完善企業資安策略

我國行政院資通安全處將全球網路攻擊事件進行研析，歸納分類為 6 項全球資安威脅趨勢，分別為：「進階持續威脅攻擊竊取機密資料」、「分散式阻斷服務攻擊癱瘓網路運作」、「物聯網設備資安弱點威脅升高」、「關鍵資訊基礎設施資安風險倍增」、「網路與經濟罪犯影響電子商務與金融運作」及「資安（訊）供應商持續遭駭破壞

供應鏈安全」，顯示網路攻擊已觸及國家機敏資料、關鍵基礎建設與經濟發展的國安層級。

　　資安滲透攻擊手法愈加複雜多變，許多世界級高科技企業亦難逃資安事件的考驗，資訊安全策略需考量：事前預防、事中應變與事後蒐證，臺灣的「資通安全管理法」已經在 2018 年 5 月通過，接下來將就施行細則與機關、企業符規方法進行討論後實行，如何發展完整的資安策略發展愈加重要。

　　政府單位或企業的資安當責單位應該趁此時機，在強化資安防禦之時，也應該要重視資安事件發生時的應變，做好事件應變的標準流程，善用人工智慧技術進行自動化回應與通報，發展完善資安標準，落實資安政策，定期檢測防禦效果，符合規範要求，滿足資安主管機關以及公司股東與客戶對企業安全的期待。

第五章 ｜ 焦點議題探討

一、人工智慧應用趨勢

（一）產業趨勢

隨著人工智慧的發展，對於各種人工智慧的新聞報導已發展到無人不知無人不曉的階段，特別在人工智慧 AlphaGo 大勝世界圍棋冠軍後，各國不論是政府單位或是民間企業皆開啟了人工智慧的軍備競賽！然而 2016 年 Google 的 AlphaGo 連贏三場圍棋冠軍李世乭對外發表說「我從來沒有感受到如此嚴重的壓迫感…能力不足。」這類喪氣的談話震撼著人們人工智慧的到來。

記得在當時就有大量的報導皆提出了人工智慧影響工作或取代工作的情況，根據世界經濟論壇（WEF）研究指出到 2020 年為止，會有 500 萬份工作被取代，而麥肯錫公司（McKinsey）也提到在 2030 年間，全球 46 個國家中，會有五分之一的工作被人工智慧和機器人取代。對此，看到這大規模的影響，不得不去注意這波人工智慧對社會、產業及國家的影響。

（二）應用機會

人工智慧在這波如此受到關注，主因在於「演算法」、「運算力」及「資料量」彼此加速交疊後所獲得的成果。在「演算法」中最主要就是運用機器學習中的深度學習（Deep Learning）獲得可落地應用，開始可以從資料中找到抽象化理解的能力；「運算力」在於使用大量的 GPU 或 ASIC 進行資料訓練及推論。而最後在各界提供的「資料量」中，如：MNIST、ImageNet、COCO，為深度學習提供大量的資料，藉此找到不同的特徵點。因此在「演算法」、「運算力」及「資料量」的交互作用下，讓各行各業逐漸人工智慧能力，使得部分產品／流程或商業模式上獲得自動、自主或是智慧化的程度。由於深

度學習的進展快速，連帶著在新技術的融合、平台及議題也快速發展，以下對深度學習相關發展之產業現況和趨勢提出說明，以利產業運用及導入深度學習獲得更多的掌握。

（三）服務模式

1. 深度學習神經網路大量運用

自1994年Yann LeCun（現任Facebook的AI研究院院長）發展出卷積神經網路（Convolutional Neural Network，CNN）方法用於手寫辨識後，成為現今大部分CNN的重要基礎。爾後由於大廠擁有大量資料及運算能力，近年則紛紛提出準確度更高、模型層次更多的深度學習模型來進行圖像辨識。為了讓深度學習的模型可獲得更廣泛的運用，像是Google、微軟或是研究單位皆將研究成果進行開放或以API型式讓廠商直接使用，又或者再結合遷移學習（Transfer Learning）的方式，把預先訓練好的資料，依廠商使用自己所收集的資料進行重新訓練，做為更適性的辨別模型來應用於專屬的領域中。

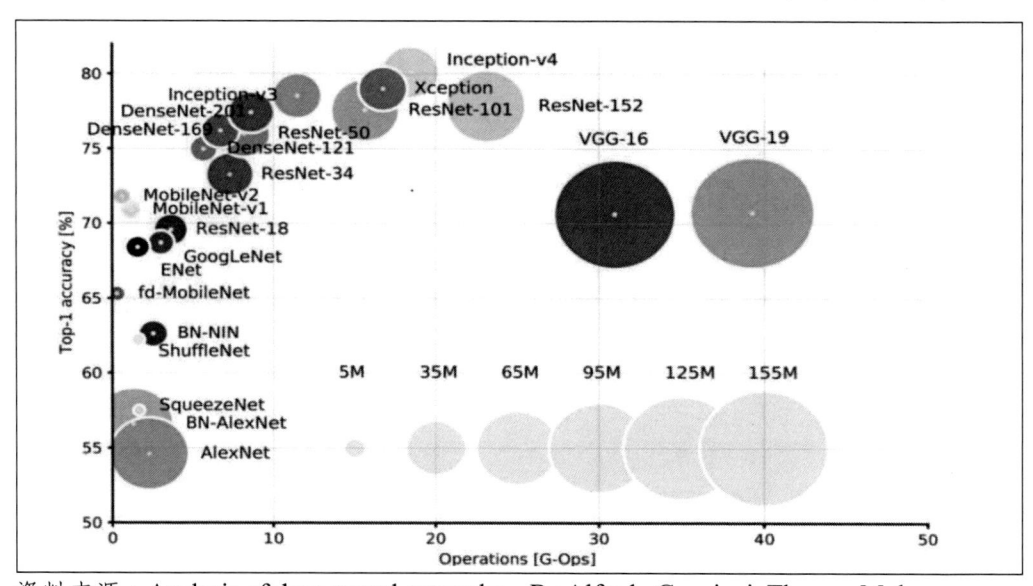

資料來源：Analysis of deep neural networks、By Alfredo Canziani, Thomas Molnar、Lukasz Burzawa、Dawood Sheik、Abhishek Chaurasia、Eugenio Culurciello，資策會MIC經濟部ITIS研究團隊整理，2019年9月

圖5-1 不同深度學習神經網路的準確度及運算需求

因此，由於已訓練好的大規模深度學習模型容易取得，又加上有不同資訊服務廠運用遷移學習協助建立特用化的模型，產業已逐漸接受及運用深度學習於不同的領域中，近期就有相當多的圖像辨識用於人臉、光學檢測、攝影機監控、門禁系統等，而且整體產業現以獲大幅度的採用。

2. 大廠布局增強式學習框架及模擬環境

AlphaGO 的成功，除了讓一般人認識到新一波人工智慧技術的來臨，對於人工智慧新興技術的開發者來說，也從 AlphaGO 認識到深度學習加上「增強式學習」（Reinforcement Learning）所帶來的自主學習系統的威力。對此，過去將深度學習整合增強式學習時，必須要從底層去處理過多的程式細節，使得程式撰寫過程過於複雜。如今，愈來愈多大廠整合原有深度學習框架，再重新建立或結合一個新的框架來支援深度增強式學習的訓練（如：Keras 做為上層 API 來與 TensorFlow、Theano 及 CNTK 合作，而 Amazon 於機器學習模組中提供 SageMaker RL），藉此達到快速布建自主學習系統，以達成實驗不同的學習策略。

此外，有了相關的程式框架以協助開發人員進行增強式學習的架構外，對於增強式學習經常使用的機器人場域也有許多開源及大廠進行投入，例如：OpenAI 所開放的 OpenAI Gym 或是 2019 年 6 月 Facebook Habitat，可協助開發者將增強學習的代理人放於模擬器中，並運用模擬器去訓練機器人自主學習不同動作，以此將訓練成果可放至於真實的機器裝置中。

資料來源：Facebook AI Lab，資策會 MIC 經濟部 ITIS 研究團隊整理，2019 年 9 月

圖 5-2　用 Facebook Habitat 的模擬環境訓練機器人路徑規劃

　　藉由大廠現今在程式框架及模擬環境中的布局中瞭解，人工智慧現行除了加速擴張深度學習之應用外，對於運用增強式學習來建立具有自主學習能力的系統則成為下一階段重要發展的項目之一。

3. 生成對抗式網路獲落實應用

　　生成對抗式網路（Generative Adversarial Network，GAN），自從於 2014 年被 Ian Goodfellow 提出後，就快速獲得深度學習的專家進行大量研究，還被 MIT Review 於 2018 年選為「10 Breakthrough Technologies」，至今則有相當多的研究成果獲眾人驚豔，如：可以進行換臉的 DeepFake、可自動上色的 Style2paints 或 PaintsChainer 等。

第五章　焦點議題探討

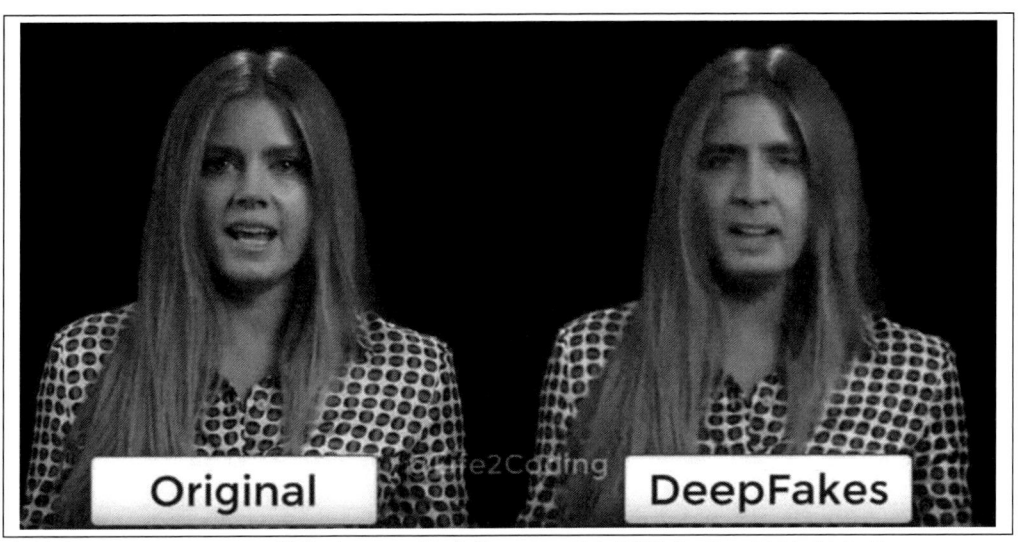

資料來源：DeepFake，資策會 MIC 經濟部 ITIS 研究團隊整理，2019 年 9 月

圖 5-3　DeepFake 的女主角換臉

資料來源：Style2paints，資策會 MIC 經濟部 ITIS 研究團隊整理，2019 年 9 月

圖 5-4　Style2paints 將原本黑色的漫畫草圖進行上色

生成對抗式網路主要建立兩個深度學習網路，一個稱為生成網路（Generator），另一個為判別網路（Discriminator），生成網路有如一名學徒，而判別網路就像一名老師，學徒每次作畫後就讓老師去評論，久而久之，讓學徒不斷向老師去學習而得到認可後，學徒就用學習到的網路去運用到領域中，因此可以出現換臉或像有經驗的繪畫師般進行漫畫上色的動作。對此，這樣的方法已快速於各種行業中，例如建築業的管線、IC設計業的電路設計等行業中。

4. 深度學習自主建模與最佳化加速 AI 民主化

隨著深度學習需求的快速成長，也帶動著人工智慧科學家的需求。然而業界普遍找不到人工智慧人才之時，中小企業要聘請一位人工智慧專家來建立深度學習模型更是難上加難。

基於上述原因，2018 年底 Google 正式提供 AutoML Vision、AutoML Natural Language 及 AutoML Translation 的服務，另外像是微軟的 Custom Vision、Open-Source 的 Auto-Keras，皆可讓企業將資料或圖片上傳後，便自動設計出神經網路。前述自動設計神經網路的服務主要是將 Meta Learning 進行大量運用，嘗試將非結構化的深度學習進行結構化，從中找到如何有效率進行訓練的方法。

此外，除了自主建模的服務外，2019 年 5 月 Google 提出 MorphNet 及 Facebook 的 F8 大會提到的 BoTorch 也相繼提出模型最佳化服務，讓模型在不失準確度情況下得以縮小深度學習模型。

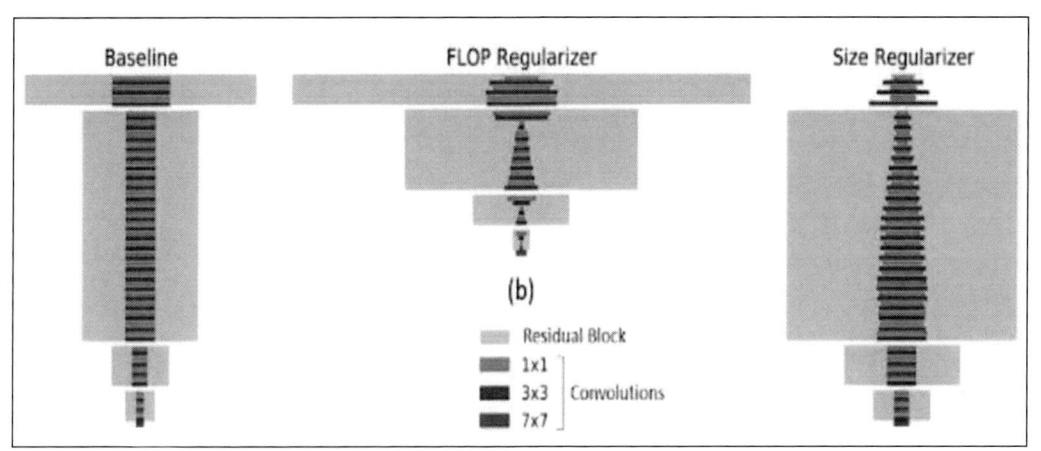

資料來源：Google，資策會 MIC 經濟部 ITIS 研究團隊整理，2019 年 9 月

圖 5-5　Google 的 MorphNet 的深度學習網路模型最佳化

是故，藉由提供自主建模及最佳化服務給沒有人工智慧專家的廠商進行使用時，得以讓廠商有機會運用自家的資料來建構出具領域特性的深度學習模型，以此達到人工智慧擴散使用之民主化的情況。

5. 學界和業界共同建構深度學習產品之品質標準

隨著深度學習大量的運用需求，科技大廠相繼提供不同的軟體框架及硬體元件，而應用端則藉由這些軟硬體快速進行深度學習的訓練。由於在各家提出不同訓練數據來宣稱效能的同時，對於要採購的廠商往往無法有效及正確地辨識實際的能力。基於上述原因，由 Google、百度、哈佛大學、史丹佛大學…等知名企業及學校共同針對機器學習去建立一套訓練的品質測試標準 MLperf，以此協助廠商在採購人工智慧產品時可獲得相對較客觀的判斷標準。

目前 MLperf 主要在訓練的軟硬體產品為主，針對視覺、語音、商業（推薦系統）及通用人工智慧（以增強型學習為主）等人工智慧的模型建構、處理速度、參數運作及辨識率上進行不同分析，以提供給採購上的參考。

表 5-1　ML Perf 評估基準

基準	資料集	參考模型
影像分類 Image classification	ImageNet（224x224）	Resnet-50 v1.5
物件辨識 Object detection（light weight）	COCO2017	SSD-ResNet34
物件辨識 Object detection（heavy weight）	COCO2017	Mask R-CNN
翻譯 Translation（recurrent）	WMT English-German	GMNT
翻譯 Translation（non-recurrent）	WMT English-German	Transformer
推薦系統 Recommendation	Undergoing modification	N／A
增強式學習 Reinforcement learning	N／A	Mini Go

資料來源：MLPerf，資策會 MIC 經濟部 ITIS 研究團隊整理，2019 年 9 月

但對於在終端且已訓練完成的模型推論上，目前 MLperf 乃持續進行發展，若未來可針對終端產品的人工智慧產品可提出一套標準，將會有助未來智慧商品的發展。

6. 深度學習的辨識干擾

隨著深度學習的辨識及預測能力愈來愈高，也開始出現干擾的手法。由於深度學習本身的特性是由許多線性公式所組成，運用不同的網路結構加上不同的參數及權重計算後，得到對事物的判讀。也因此深度學習可運用逐漸逼進的方式去破解深度學習網路，找到深度學習的辨別規則，進而對深度學習進行影響及誤導。因此近期就出現將部分黃色像素印出並貼到眼鏡上後，影響影像辨識的判斷。

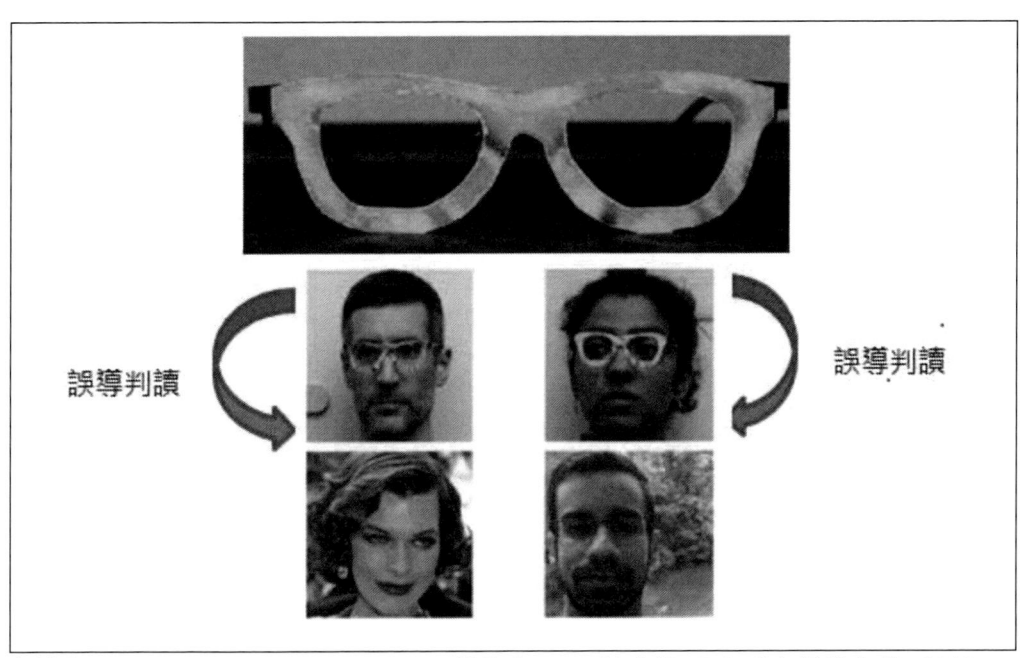

資料來源：Carnegie Mellon University，資策會 MIC 經濟部 ITIS 研究團隊整理，2019年9月

圖 5-6　運用著色後的鏡框來混淆深度學習網路的判讀

　　基於這種干擾或誤導手法，也造成具深度學習的產品被攻擊的可能。由於許多深度學習網路會運用終端所將所收集到的圖像資料直接進行辨識及註記標籤，故若遇上這種干擾手法的話，會產生許多具誤導性的資料結果，進而影響未來重新訓練模型時的成效。

　　以上皆為目前對於深度學習所觀察到之趨勢，對於深度學習持續的發展，在國際大廠提供有效率的晶片及原始碼後，已奠定了這一波人工智慧的地位，表示在未來產業的發展將會嘗試運用大量的深度學習於各式各樣的產品、服務及應用面。是故，對於企業在發展的同時，應學習思考如何運用深度學習的特質，並提早組成相對應的工作小組對不同深度學習專案做導入，以提前因應未來智慧化之挑戰。

7. 從人工智慧失靈思考人機合作的系統發展

這波人工智慧在發展時主要基於大數據來讓深度學習獲取端對端學習（End-to-End Learning）的學習能力，以此來得到相對應的預測及辨識率。然而，當產業在應用時，若遇到需要具解釋的部分，仍會因為這波人工智慧屬於黑箱作業，遇到不知如何從深度學習的網路來獲得評斷的依據。

對於人工智慧系統的開發，經常會以無人化的情況進行想像，但對於在判斷時出現錯誤而又無法解釋時，反而造成人工智慧的發展備受疑慮。例如，美國科技業巨擘Google公司於2018年5月的開發者大會（I／O）中，CEO Sundar Pichai展示了一項結合深度學習、文字轉語音（Text-to-Speech）及自然語言處理（Natural Language Processing）的訂位系統Duplex，在展示的過程中，該系統自然用著像人一樣的問話模式問著店員什麼時候有位子、一共會有幾位或是詢問要提前什麼時候到，並且在等候過程中還會出現像人一樣的語助詞或口吻回覆及接續問話。

但在2019年的6月紐約時報則指出，在所有Duplex的服務當中，有25%是由使用者先做好系統設定開始，而在電話訂位的過程當中，有15%的電話在不同的問題點裡必須有人為介入才得以完成預訂。這樣的數據讓人大為吃驚，連Google技術和資料那麼完善的公司，在做出電腦預訂系統都需要近40%的人為干預，讓人不經開始懷擬現今我們所大量投資的人工智慧系統是否真如想像中的值得？

在上述的事件中反應了無人化的人工智慧系統所要接受的挑戰，基於這樣的思考邏輯下，人工智慧系統在設計中慢慢不以追求整個流程無人化為目的，近年轉而走向倡導HI（Human Intelligence）＋AI（Artificial Intelligence）的人機智慧的系統設計概念。

所謂的HI＋AI，本質上就是彼此運用及互補優缺點的角度進行設計，主因在於現階段的人工智慧技術無法有效理解情境問題，而人類對大量資訊無法處理，或是重複性或辨識性的工作會因疲累或

偏見而出現誤判的情況，因此在智慧系統的設計中，愈來愈多設計將人加入流程中的環節，而非以取代人做思考哲學。

故對於智慧系統將人的角色還原至系統流程後，應不再以無人商店為目的，反而是輔助或協助人可以更有效率為原則，例如在商店中使用電腦視覺協助店員識別熟客或新客、在訂位時用語音情緒辨識聽出客人的情緒或找到消費的偏好…等，然而在整體的高社交及情境的互動及溝通就可以靠人去協助完成。因此，對於我們所認知的人工智慧可轉變成為自動智慧（Automated Intelligence）或擴增智慧（Augmented Intelligence）的角度進行思考，以確實瞭解技術的特性後再將其運用至流程或產品中，藉此協助獲得更高的效益，創造進一步的產業應用。

二、資訊安全應用趨勢

（一）產業趨勢

根據全球知名網路調查研究機構 Cybersecurity Ventures 預測，從 2017 年至 2021 年，累計全球網路安全產品和服務的支出，將超過 1 萬億美元，網路安全市場的年增長率將達到 12-15%，與此同時 Cybersecurity Ventures 也預測網路犯罪方面，至 2021 年，因網路犯罪的損害賠償將使全球每年損失 6 萬億美元，此金額還不包括相關法律訴訟、企業股票與聲譽損失在內。

在世界經濟論壇（World Economic Forum，WEF）2019 年發布的全球風險報告（Global Risks Report 2019）中，大規模資料欺詐／竊取事故與大規模網路攻擊兩項目已列入前五大可能發生的主要風險中。資安威脅致使政府單位、企業生產力受破壞，機敏資料如：專利技術、個資被竊取販賣、財物遭詐騙，但物聯網與數位化的趨勢讓資安威脅的攻擊模式趨向複雜且多樣化，致使網路資安威脅無處不在。

（二）應用機會

1. 國際大廠在人工智慧資安之布局分析

數位轉型浪潮帶動下，企業使用物聯網、雲端服務、人工智慧技術加速企業發展，帶來許多商機，卻也不可避免地導致更多機密資訊與公司資產暴露於網路威脅之中，進而需要更全面與自動化的資安防護，來面對許多新型態的網路攻擊威脅。因此探討國際大廠使用人工智慧技術來進行資安防禦和監控的方案，以主動發現異常行為與針對性攻擊，自動化防禦進階的資安威脅，以節省企業人力過多用於資安監控，並有效控管企業數位轉型過程中引發的資安風險。

人工智慧技術的機器學習技術可對大量的用戶及設備資料進行分類與分析判別。目前許多國際資安大廠已發展出人工智慧資安解決方案，將機器學習等人工智慧技術運用於資安產品或資安服務，以強化產品防禦能力及減少資安人員工作的重複性，使用人工智慧來偵測可能潛在網路威脅，提供企業與消費者主動式的防護。

趨勢科技在其2019年資安威脅趨勢報告中提出，網路駭客開始使用人工智慧來進行針對性的目標攻擊，藉由人工智慧技術來預測企業管理高階主管與特定對象的行為動向，如出差住宿的飯店地點，進而準備對周圍環境設備或相關人士進行入侵威脅。因此面對無處不在的資安威脅如何主動偵測、即早應變處理成為資安防護策略發展的重要方向。

（三）服務模式

國際大廠 IBM Security、Radware、Splunk、Trend Micro、Forcepoint、RSA、Cisco、Palo Alto Network，運用人工智慧技術於資安防護方案之應用。

IBM（International Business Machines Corporation）國際商業機器公司，1911年創立於美國，至今已發展成為一家擁有近40萬員工、

1,000億美元資產的資訊服務與業務解決方案企業。IBM創立至今進行多次的轉型，經營業務從硬體、軟體，轉型為提供雲端與垂直領域解決方案的整合型服務供應商。2018年10月，IBM宣布以340億美元收購全球最大混合雲服務供應商紅帽公司，並積極發展人工智慧技術，如Watson雲端API、RPA流程機器人、PowerAI深度學習平台等，以雲端運算服務加人工智慧解決方案，協助企業客戶數位轉型。

在資訊安全領域方面，IBM Security部門全球約有8,000人，自2002年起，積極購併20家資安公司，發展資安解決方案，如下整理IBM在資安方面的解決方案與服務項目。

表5-2　IBM資安產品及服務方案列表

方案類型	產品／服務名稱	解決方案說明
資料安全與保護	IBM Guardium	資料保護方案。幫助確保在整個資料庫、檔案系統等重要資料的安全、隱私和完整
身分和存取管理	IBM Access Management	企業IAM（身分和存取管理）服務，包括使用者存取管理、單一登入、多因子識別、使用者活動合規性、身分控管和管理安全服務
資安事件分析平台	IBM QRadar Security Intelligence	協助資安人員偵測、設定優先順序、調查、分析和回應企業內部和雲端環境內資安威脅
資安事件應變平台	Resilient	將資安事件回應流程化，以通報各人員處理，並進行流程進展狀態監控。可與其他資安廠商的威脅情報方案整合，如：Symantec DeepSight、FireEye iSight、VirusTotal等
資安情報服務	IBM X-Force Exchange	全球資安威脅情報服務，提供資安威脅來源監控並分析安全問題

資料來源：IBM，資策會MIC經濟部ITIS研究團隊整理，2019年9月

在運用人工智慧於資安防護上，IBM 將其人工智慧認知技術 Watson 整入 QRadar Security Intelligence 資安分析平台，為 IBM QRadar Advisor with Watson 資安威脅分析的雲端服務，可自動分析以發掘潛藏的資安威脅，當偵測到安全事件，系統首先探勘並收集本地端資料，查看資料庫，從數十萬筆網站、安全性論壇、佈告欄等，協助了解安全事件，並推論與原始事件相關的額外洞察，將訊息去蕪存菁，準確找出該事件相關的關鍵洞察，協助資安人員預測攻擊、即時回應資安事件。

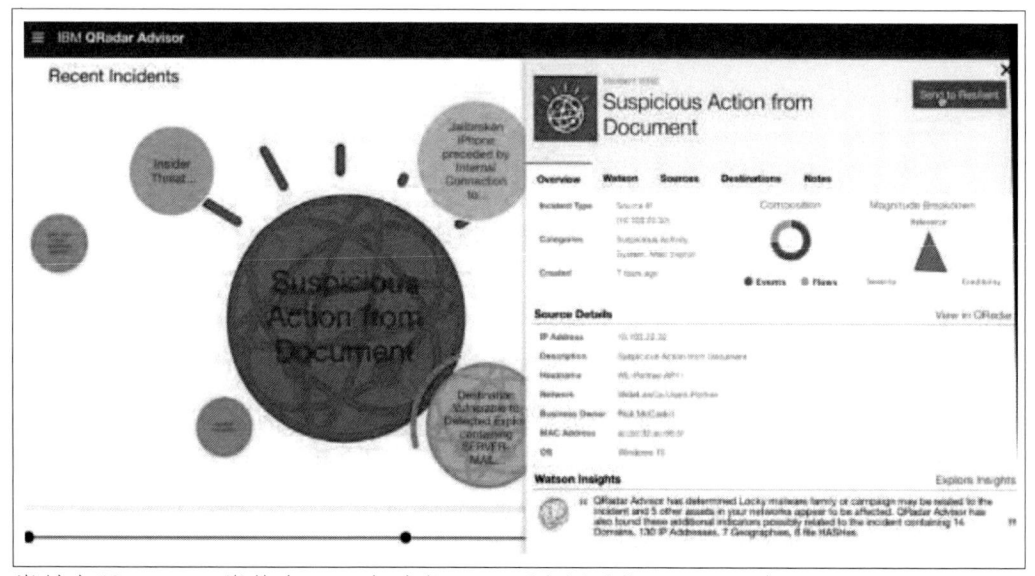

資料來源：IBM，資策會 MIC 經濟部 ITIS 研究團隊整理，2019 年 9 月

圖 5-7　IBM QRadar Advisor with Watson 資安威脅情報服務

三、金融科技應用趨勢

（一）產業趨勢

金融服務創新就是透過金融科技、服務方法及服務場景的創新，提升服務效率及服務品質，讓消費者享受更好的金融服務。隨著金融科技的發展，新商業模式與新科技的結合除了改變消費者的生活形態與金融服務的場景，也對傳統金融機構帶來衝擊與挑戰。

這些新的特徵驅動金融生態產生變化，新科技的應用與服務模式也改變消費者行為模式與獲取客戶的方式，包括從實體通路逐漸轉移到虛擬通路等，使傳統金融服務提供者與客戶間的關係發生改變。其中最大的改變在於客戶的主導權上升，現在客戶可以擁有更多的金融資訊來源、更多元的金融商品選擇以及更優惠的金融服務方案，以滿足金融服務的需求。隨著主導權的上升，客戶亦要求更高的服務品質，包含：

- 服務門檻降低：包括更優惠價格、更少的限制等。

- 服務通路更便捷：包括可隨時隨地取得、回應速度更快、操作介面更容易、流程更順暢等。

- 服務內容個性化：在合理的價格內，提供客製化與彈性的服務內容，使服務內容從取得到結束都能依照客戶個人的習慣與偏好客制。

　　傳統金融業者礙於新型態金融服務模式的應用能力以及成本效益，無法即時回應客戶的新需求，因此金融科技新創業者趁勢崛起，切入金融服務市場，針對傳統金融業者所未能服務或服務意願較低的市場，透過先進的資通訊技術以及獨特的風險管理技術，提供門檻較低、便利性高且風險可控的金融服務，以填補傳統金融體系的服務空白。金融資訊服務業者則切入傳統金融體系核心，透過開發各式解決方案，協助金融機構突破既存服務框架，彌補傳統金融體系核心的技術空白，並進而改善因技術空白而產生的低效率服務問題。

　　綜觀金融科技新創業者與金融資訊服務業者的布局，前者以金融服務由邊緣向核心突破，後者則以資通訊技術協助金融機構從核心向邊緣擴散。兩者在金融生態系統中所扮演的角色雖不盡相同，但兩者皆彌補了傳統金融服務的缺口，分析此趨勢包含：

- 網路化：金融服務可透過網際網路提供，消費者不再需要親臨實體服務據點。

- 行動化：行動裝置成為主要的金融服務通路，甚至結合穿戴裝置。

- 加值化:透過新興科技的應用,及跨業合作夥伴在資料與服務上的深化合作,產生出新的商業服務模式,增加顧客價值。
- 個性化:透過大數據與人工智慧等智慧分析洞察客戶需求,將客戶服務流程設計更加個性化,使客戶在服務流程的每一個階段都能取得最個性化的服務內容。
- 自動化:透過流程自動化提高客戶服務作業的效率,協助客戶服務人員增進客戶服務的作業效率,並降低人力負擔。
- 智慧化:透過資料分析過程,與整體客戶服務流程進行系統性的設計整合,發展出加值應用。

上述的服務趨勢在金融服務的各個領域衍伸出多元的創新商業服務模式,並從客戶生活的各個層面提供嶄新的服務價值,滿足客戶在數位金融時代下對服務內容、服務通路、服務門檻與服務價格的新需求。

(二)應用機會

以下針對目前主要的金融服務領域,包括支付、借貸、保險等領域分析其數位金融與金融科技應用機會。

1. 支付

支付為金融服務重要的功能之一,隨著電子支付業務的蓬勃發展,其安全性、便利性、交易可追溯等特性,使民眾使用之信任度升高,逐漸取代傳統現金交易,而金融科技的發展,帶動創新應用興起,透過行動裝置與聯網設備,造就無現金環境及新型態支付管道,改變前端消費者與商家間交易行為與習慣,在架構上則透過去中心化與虛擬貨幣,改變傳統集中清算的方式。主要應用機會包含:

(1) 行動支付創新:電子錢包及行動收款設備的支付創新帶動新一波的嗶經濟。

(2) 替代性支付方式創新：新型態支付網路與分散式賬本技術，改善傳統支付費時、高成本、透明度低及交易風險的痛點。

(3) 無縫創新支付體驗創新：整合行動下單、購物、支付於服務中達到購物、消費與取貨的無縫整合。

目前點對點支付的技術主要應用為虛擬貨幣及背後各種區塊鏈技術。由於區塊鏈科技具有高端的加密技術，透過共識系統，可建立無須中介機構認證的信任機制，將大幅度降低傳統中介機構的重要性，多數虛擬貨幣可自成系統，無須仰賴任何傳統中介機構，使手續費趨近於零。區塊鏈貨幣多不受政府管控，在推廣普及上有諸多限制，然而，歐美等先進國家，仍有不少國家允許數位貨幣的推行，創造出許多創新商業模式，為使用者創造更多價值，以虛擬貨幣技術為基礎的支付仍具極大發展機會。

從電子支付應用發展的角度來看，近年大量支付創新興起，包括網路支付創新、行動支付創新、支付通路增加、建置成本降低等，均促使愈來愈多的商家接受新興支付方案，推動無現金社會的成形。在此趨勢下，商家可選擇加入支付業者的方案，或透過支付解決方案提供商建置自己的支付系統。隨著電子支付解決方案種類繁多，商家也增加對於整合式支付平台資訊軟體與服務的建置需求。

2. 借貸

過去存款與貸款是金融服務業的核心業務，隨著新型態借貸平台的興起，透過大數據、雲端服務提供更彈性的貸款方式，可滿足中小企業或個人各類融資需求，全球如中國大陸、英國及美國等國家，點對點（Peer-to-Peer，P2P）融資平台相當蓬勃發展，美國因有完善的徵信系統，P2P借貸平台可以透過民間機構提供的信用報告，來審查貸款人的還債能力，惟近年來中國大陸發生多起P2P平台倒帳事件，因此網路借貸平台服務，應兼顧金融科技創新、消費者保護及風險控管。主要應用機會包含：

(1) 大規模 P2P 借貸：網路平台媒合借貸雙方，讓放款者可以將資金借給有資金需求者。

(2) 另類信用審查：結合社群網站與大數據提供快速更新的風險分析模型，讓貸款分析作業可以在數分鐘完成。

(3) 自動化借貸流程：自動化借貸及風險評估，結合社群平台提供借貸服務，例如 LendingClub。

傳統的信用評等以金融交易資料為主，包含薪資收入、貸款歷史、貸款餘額等。非傳統信用評等資料分析以雲端運算、大數據、機器學習為基礎，包括各式結構化、半結構化與非結構化資料、消費者數位足跡等，包含社群媒體資料、App 使用紀錄、網購紀錄、地理位置資料等，還有商家的電商營運與交易資料等。

目前多數業者已開始結合傳統與非傳統信用評等資料，以彌補傳統信用評等方式的不足，增加客戶風險評估的全面性，達到更精準的風險分析，擴大客戶服務規模。

在信用評等機制較不完備的開發中國家與新興市場，由於多數人缺乏足夠的傳統信用評等資料，因此無法從使用傳統信用評分的金融機構取得借貸服務，成為金融科技新創業者的切入契機。

點對點借貸的概念與點對點支付概念雷同，主要是透過去中心化的借貸服務，使借款人與貸款人可在不經由任何中介機構的情況下完成借貸行為。然而與點對點支付不同的是，由於借款人與貸款人在借貸行為完成前需進行媒合，因此仍需要中介平台協助媒合，並會從中收取媒合手續費用，與點對點支付可能趨近於零的手續費用相比有所不同。但與傳統借貸機構相比，手續費仍低，也可望取得較優惠的利率，對於借款人與貸款人皆有吸引力，隨著進入低利時代，點對點借貸需求持續升溫。

社群借貸透過結合社群元素的借貸商業模式，有別於傳統借貸機構以及點對點借貸平台。與點對點借貸平台相比，點對點借貸通常透過結合傳統與非傳統的信用評等資料分析技術評估借款人風

險，並在複雜的債權證券化過程降低貸款人債權投資風險。然而信用評估最多僅能真實呈現風險狀況，在證券化過程從財務結構上降低風險，但其實並未針對風險本身進行控制與管理，即貸款通過後，並未針對借款人個體進行風險控管，也未能促使借款人主動管理風險。

社群借貸公司透過加入社交元素，利用真實世界原有的社群關係，或鼓勵借貸人透過虛擬世界結交有利於借款人償債的社交關係，進而提高借款人的償債意願與償債能力，以降低借款人償債風險，同時提供借款人財務面與社會面的雙重效益，由於社群借貸通常以借款人為中心（Borrower-Centric）提供服務，因此容易獲得廣大借款人支持。

3. 保險

隨著保險價值鏈中的模組化程度提高，新的保險服務組合逐漸威脅既有業者的地位，而針對特定領域及依需求使用的保險商品，也將改變消費者的生活型態，使傳統壽險公司面臨產品創新的壓力。新型態的保險意指運用新創科技來設計新的產品與解決方案、改善流程及營運效率，以提升客戶體驗和滿意度，例如結合穿戴裝置、自動駕駛、聯網裝置、人工智慧、區塊鏈及數據分析等科技來提供個人化保險產品。主要的應用機會包含：

(1) 價值鏈分解的創新：透過比價平台一覽各家保險業者提供的方案與報價，並推薦最適合的產品達到一鍵投保。

(2) 新型態保險需求的創新：結合共享經濟衍生的保險需求，提供客戶差異化、客製化的保險產品。

(3) 增加連接性的創新：透過物聯網與感測裝置，即時偵測保險對象，有效控管風險。

物聯網保險指透過在保險標的加裝感測器，如穿戴裝置、車載裝置、住宅或工業用感測器等，對保險標的進行即時資料的蒐集、

分析與評估，以達精準化風險分析，同時透過資料發展加值服務應用。進而改善傳統保險流程過度仰賴歷史資料、未能導入即時、個性化的行為與使用資料的問題，達到主動的風險控管，包括保費調整及風險管理。

傳統保險核保直到理賠或續保前，保險業者與顧客的互動極為有限，使得保險業者難以進一步向顧客提供價值，透過導入物聯網資料分析應用，可開發創新服務，利於保險期間與顧客的互動，進一步建立顧客忠誠度與信賴感。

隨著智慧聯網裝置與感測器的普及，以大數據與人工智慧為基礎的新興保險崛起，新型態的保險強調透過感測器蒐集保險標的本身之數據，進行即時風險控管、開發創新服務。此外，利用更多面向的資料，包括來自於顧客消費行為資料、醫療保健資料、政府開放資料等，有助於強化傳統保險產品的風險控管及新保險產品的開發。

（三）服務模式

以下針對上述金融服務領域與應用機會，從金融科技的關鍵創新來分析金融科技服務模式。

創立於 2009 年的 Venmo，是線上付款巨擘 PayPal 的子公司，最大特色是可讓使用者透過彼此帳號進行轉帳，不須透過銀行。其關鍵創新是結合社群，讓臉書使用者可以發動支付或請求支付，並附上有趣的動態訊息。另一個創新是 P2P 支付功能便利，在 Venmo 內的所有交易不收手續費，用戶連結銀行帳戶並預先存入金額後，匯入與匯出均不需手續費，讓 P2P 轉帳成為習慣。第三個關鍵創新是交易移轉簡單與即時，從 Venmo 收到款項後，可匯出到自己的銀行帳戶，讓使用者在線上線下帳戶移轉金額方便。

歐洲金融科技新創獨角獸 N26（估值超過 10 億美元，且未上市的新創公司），創立於 2013 年，強調沒有實體銀行，所有的交易都可以在手機上進行，用手機號碼就能開戶、跨國轉帳免手續費，其

關鍵創新是整合 O2O 實體設備，透過其他銀行 ATM 與合作超市自助結帳機台來存提款。另一個關鍵創新是線上開戶身分驗證，透過手機視訊鏡頭來進行身分驗證，縮短開戶時間。第三個關鍵創新則是自動預借現金服務，簡化繁瑣的銀行程序，透過手機程式來設定提款及付款，此外 N26 也有銷售基金商品，使用者只要決定金額、股票及與債　比率即可下單。

　　成立於 2013 年的眾安保險，是由螞蟻金服、騰訊、中國平安等企業出資設立，主要業務瞄準互聯網交易的險種，其關鍵創新為所有申辦流程線上辦理，因為未設任何實體分支機構，完全透過網路進行業務，可快速產生個性化保險，與合適的承保價格與理賠服務。另一個關鍵創新是電商數據的挖掘，透過數據分析深度了解網路交易行為，以客戶信用、經營數據及歷史紀錄，結合用戶需求設計個性化的保險產品。第三個關鍵創新是與不同領域互聯網或物聯網公司合作，即時得知投保人的使用狀況，隨時做好危機處裡的應變措施。

第六章 未來展望

一、資訊軟體暨服務應用趨勢

受到美中貿易戰的影響,將使得 2020 年的全球經濟產出減少 0.5%,2019 年亦減少 0.4%。除了貿易戰引起的實質收入減少外,企業對於資訊科技投資信心受到影響,亦不利於資訊軟體暨服務產業的發展。所幸,新興的人工智慧、5G 技術、物聯網、區塊鏈技術發展,對於企業、國家帶來可期望的競爭力影響;在新興技術上,中大型企業以及各國將持續地投資,亦減緩了資訊軟體暨服務產業發展的衝擊。以下,就資訊技術發展與企業資訊技術投資考量分析,進一步展望資訊軟體暨服務產業發展。

(一) 資訊技術發展趨勢

1. 人工智慧

人工智慧(Artificial Intelligence,AI)無疑是近幾年來最重要的資訊技術,也是推升各項軟硬體投資的重要技術。人工智慧可以協助企業在顧客服務、商品推薦、企業決策乃至於企業流程自動化、工廠流程自動化與設備自動化、產品視覺檢測、搬運車自動化等。綜合來說,人工智慧可以協助企業在兩個方向:

(1) 智慧決策:輔助企業人員協助顧客互動、商品推薦、行銷預測、財務預測、設備預警等進行更深度的分析與預測。例如:金融業或零售業蒐集社群網路發表的意見進行顧客輿情分析、情緒分析等。製造業運用電腦視覺檢測分析產品瑕疵;從維修、客戶抱怨紀錄分析產品改善方向等。

(2) 智慧自動:在現有自動化基礎上,運用人工智慧,使得設備、機器以及軟體能夠更自動化處理,而減少人為的介入。例如:金融業或零售業運用聊天機器人作為線上客服進行對話與服務;客戶服務機器人進行現場顧客對話與服務諮詢;電腦視覺辨認顧客與

商品的自動結帳等。製造業運用電腦視覺與機器人自動化技術，發展物料自動搬運車、機器人自動搬運、視覺導引機器人等。在軟體自動化上，運用電腦視覺、自然語言技術協助文件處理流程的機器人流程自動化（Robotic Process Automation，RPA）等。

儘管全球已經有為數不少的企業宣稱已經成功地利用人工智慧協助改進流程效率、增進顧客體驗乃至發展新商品服務等，但仍有許多企業處於審慎評估狀態或者進行小規模的試驗當中。這其中的關鍵在於：

(1) 數據取得困難：企業能夠取得的數據並不足以進行有效地人工智慧分析，諸如顧客分析、商品推薦、電腦視覺產品瑕疵檢測等，使得智慧決策有效地協助企業增進效率乃至於轉型不易。此外，工廠老舊設備數據取得不易，反而是較為制式聊天機器人、顧客臉部辨識或機器人流程自動化較容易實施，也較有初步效果。然而，離實現企業智慧決策、智慧自動的目標仍遠。

(2) 計算透明性：企業對於人工智慧計算內涵的透明性持有保留態度，諸如：顧客商品推薦如何計算出來？銷售預測合理嗎？顧客輿情分析正確嗎？商品投放廣告分析正確嗎？基於這樣的考量也使得有預算的企業先投資在局部嘗試或者無關企業決策的周邊，諸如：聊天機器人、電腦視覺顧客識別等。

(3) 數據隱私與安全性：企業對於如何取得數據以及不違反個資保護法上仍有疑慮，需要大量整合的數據如何進行治理與安全保護仍在思考。

(4) 人才缺乏：企業仍然缺乏足夠的人工智慧人才，包括：人工智慧應用及技術、演算法人才。儘管人工智慧技術、演算法人才是重要的問題，但透過委外公司、系統整合廠商進行專案合作或教育訓練即可取得，對於人工智慧、大數據以及企業應用的人才卻相對缺乏。

(5) 計算資源：人工智慧運算仰賴高計算資源，特別是牽涉複雜的電腦視覺或深度計算。即使是顧客分析、商品推薦或視覺產品瑕疵

檢測等，都必須投資不小的軟硬體資源，對於中小型企業效益比仍不高。

綜合來看，企業落實人工智慧在流程效率改善、顧客服務精進上仍有不少困難。對於資訊軟體暨服務產業而言，如何協助人工智慧落實在企業中，仍有許多商機與挑戰。

2. 物聯網

物聯網（Internet of Things，IoT）是僅次於人工智慧，對企業影響最大的技術之一。物聯網透過感測器、制動器，將企業的實體設備、材料、人員等與虛擬的企業資訊系統、網際網路連結起來，達到更全面的自動化。物聯網可以讓企業工廠的設備與企業資訊系統連結，提高生產效率、降低庫存等。物聯網技術連結虛實與軟體結合後，又被稱為數位雙生（digital twins），可以協助在諸多領域：

(1) 提高設備可靠度：運用聯網技術、軟體技術以及人工智慧可以協助設備監測、設備預測維護等，減少企業因為設備停止運作帶來的損失。

(2) 提升物流效率：監視進出貨、物流運送、庫存多寡等，有效率地管理物料、商品的運送，減少物流運送成本、庫存成本等，提高生產效率等。

(3) 增進顧客經驗：結合 AR／VR、電腦視覺技術，可以協助企業與顧客進行更深度的互動，以提高顧客經驗與滿意度，例如：智慧穿衣鏡、智慧虛擬化妝、智慧虛擬穿鞋等。

物聯網的實施困難性不若人工智慧複雜及不可測。然而，對於企業有以下的挑戰：

(1) 部署可行性：企業必須部署感測器、聯網設備、聯網環境等，端視場域的可行性。例如：工廠老舊設備如何部署感測器？是否有穩定的聯網環境？是否要添置聯網設備？…等。在零售業店面較

為容易，然而在工廠、移動物流貨運車等，則必須考量聯網可行性。

(2) 成本效益比：部署感測器、聯網設備、聯網環境等均必須具備不少的成本花費，是否合乎經濟效益則是許多企業的考量因素。

(3) 數據安全性：部署物聯網牽涉及顧客隱私、工廠內數據透過網路傳遞的風險，企業亦會考量數據安全的風險性。

綜合來看，企業投資物聯網主要來自於成本效益比、部署可行性、數據安全性等。其中，成本效益比無疑是最重要的關鍵。資訊軟體暨服務產業必須思考如何說服企業投資效益，以及克服物聯網部署問題。

3. 雲端運算

雲端運算發展已經超過10年以上，仍然持續地成長，特別是IaaS服務仍有20%以上的複合成長率。不過，這一波雲端運算的成長並不是來自於既有企業資訊系統遷移到雲端運算服務，而是因為人工智慧、物聯網等運算資源、跨域聯網而引發雲端運算服務需求。以此，在企業仍然保有企業內傳統資訊系統、雲端運算服務的混合雲架構。此外，根據雲端服務廠商各有不同雲端應用服務專長，亦使得企業採用多種雲服務的狀況愈多。這使得雲端運算具有以下趨勢：

(1) 雲端服務協作：企業面臨如何整合內部資訊系統、外部雲端環境的問題。此外，多種雲端服務間的整合與遷移亦是一項挑戰。國際大型雲端服務業者，如：微軟、IBM、Amazon、Google 均積極布局協作議題商機。

(2) 雲端服務開發與運營：企業開始發展牽涉到人工智慧、大數據、物聯網等服務的開發與整合。企業面臨如何快速地開發、整合、部署、營運的問題。特別是企業運用的許多雲端服務均是面對顧客、供應鏈夥伴的小型微服務，需要發展開發運維整合（DevOps）的流程與運作方式。

(3) 資訊安全：雲端服務亦牽涉到資訊安全議題。儘管過去雲端雲算的資訊安全已經著墨甚多。然而，牽涉到物聯網、人工智慧以及混合雲架構，使得整體資訊安全的防護更為複雜。

(4) 人工智慧運用：由於人工智慧的計算資源需求，使得企業需要採用高量運算的人工智慧應用及仰賴人工智慧雲服務商提供的雲服務資源，例如：微軟 Azure 的認知服務提供電腦視覺、自然語言、聊天機器人等 API 串接與服務運行；AWS Alexa 語音助理運行在 AWS 雲服務上。

(5) 邊緣運算架構：物聯網技術持續發展以及物聯網設備計算能力逐漸增強，也使得將部分計算放回企業、工廠內的邊緣運算架構的發展愈來愈盛行。加上人工智慧晶片的發展，使得部分人工智慧運算可以在邊緣物聯網設備上運算。邊緣運算架構與混合雲架構的發展，更使得複雜性提高，也帶動系統整合機會。

綜合來看，企業投資雲端運算來自於人工智慧、物聯網應用的需求，也帶動系統整合、雲端運算服務開發等業務需求，雲端運算已是新興科技的關鍵基礎技術，朝多雲、混合雲架構發展。

4. 其他重要技術

(1) 區塊鏈

區塊鏈是一種分散式交易技術，讓交易者不需要通過「授權中間人」的認證授信（如：銀行、信用卡公司、第三方支付公司）即能進行交易。在企業應用上，區塊鏈技術可以協助產品／資產追蹤、供應鏈交易、物流追蹤、物聯網自動交易等。特別在產品追蹤上，現有較多的供應商與企業嘗試運用區塊鏈追蹤食品履歷，如：Walmart 與 IBM 合作，並與供應商 Unilever、Nestl、Dol 等合作，可追蹤產品原料、生產、運送過程。區塊鏈是一種跨企業間的信任關係的強化與重塑，可能帶來新商業模式的發展。不過，目前區塊鏈技術主要仍在試行與導入階段，仍需要

成熟技術與合適應用實現，但區塊鏈帶來系統整合、雲端運算服務廠商乃至於新的委外服務機會。

(2) 沉浸式科技

沉浸式科技是利用電腦視覺、體感觸覺回饋、聽覺感知乃至於嗅覺感知，創造出虛擬逼真的環境，創造人們新的感官體驗、甚至進行互動，以沉浸在電腦創造的環境中。以目前來說，AR、VR、MR 是主軸的發展科技。在企業應用上，沉浸式科技運用在旅遊體驗、醫療手術、協同設計、產品或購物體驗上。目前許多沉浸式科技主要運用在顧客體驗上，諸如：零售店的虛擬穿衣、穿鞋等。沉浸式科技可以說是物聯網的延伸運用，主要挑戰仍是能為企業帶來多少營運價值的成本效益挑戰。

(3) 5G 技術

5G 技術帶來高傳輸速率、低網路延遲、移動狀態下之持續連線能力以及區域內大量設備連線能力等，可滿足各種不同需求，例如：娛樂、沉浸式體驗、工廠設備聯網、車聯網等。5G 技術的普及會打破物聯網部署的挑戰與邊緣運算的複雜架構，讓企業更容易地實現智慧化。不過，目前的挑戰在於技術成熟性以及 5G 電信商的投資成本。但展望未來，5G 技術的發展將有可能成為智慧應用最後一哩路。

（二）產業發展趨勢

1. 系統整合

系統整合業者利用各種套裝軟體、硬體、整合服務、顧問服務等資訊科技軟硬體與服務協助企業達到各種營運或策略目的。面對企業在人工智慧、物聯網以及雲端運算等需求升溫，系統整合業者將持續地發展。以下將服務類別區分為顧問服務、系統設計與建置進行展望分析：

(1) 顧問服務業：顧問服務業者受到人工智慧、物聯網、雲端運算發展等影響，將持續地發展「數位轉型服務」來協助企業進行新興科技與業務的轉型。特別是企業對於人工智慧應用效益不清、人才缺乏等問題，更需要顧問服務業進行先期科技規劃，以釐清發展方向。例如：Accenture 就發展 Applied Intelligence 服務，全球具備 6,000 位人工智慧專家與 3,000 位數據科學家協助企業導入人工智慧。此外，顧問服務業者也持續發展自己的人工智慧方案與平台，讓客戶可以快速地試驗。

(2) 系統設計與建置：由於發展人工智慧、物聯網、雲端運算需要進行數據整合、物聯網設備整合、混合雲架構整合等多項系統實施作業，專注於技術系統整合的業者亦可望從這些新興科技中獲取許多機會。例如：ATOS 專注於工業物聯網的整合，代理西門子 MindSphere 工業物聯網平台，協助企業整合工廠端的設備，並協助進行數據分析。這類型的系統整合商必須具有深度的工廠設備知識並能克服不同環境部署問題，亦要與相關物聯網設備廠商合作。許多傳統專注於工廠設備系統整合商，也可以由次獲利並逐漸培養對於企業資訊化流程的理解。

2. 雲端運算

　　雲端運算服務業者指的是雲主機代管、IaaS 服務、PaaS 服務乃至於 SaaS 服務等業者，包括：電信服務商、軟體業、設備服務商均可能參與。以目前的發展來看，由於附加人工智慧、物聯網服務的發展，使得連帶提升 IaaS 服務發展。SaaS 服務則從傳統資訊化軟體部署，如：ERP、HR 等，轉變為以分析為主的服務。例如：Oracle 與 Microsoft 即宣布雲服務相互聯結合作，以擴大市場。這是由於 Oracle 在傳統資訊軟體上的雲化動作已經接近成熟，Microsoft 則更專注在人工智慧、認知服務上的發展，兩者相互合作以共同發展。

　　當然，雲端運算服務業是愈來愈朝大者恆大的服務發展，特別是人工智慧運算需要投資更龐大的運算資源。例如：IBM 即併購 RedHat 廠商。據估計全球雲端服務營收有 7 成以上掌握在 AWS、

Microsoft、Google、阿里雲等幾大雲端服務巨頭。以此，小型雲端服務業者發展必須從獨特的人工智慧、物聯網等服務下切入，以介接大型雲端服務業者的 IaaS、PaaS 服務等，如：介接微軟 Azure 的認知服務 API、AWS 的語音助理服務。

3. 套裝軟體

　　安裝在企業內部的傳統套裝軟體受到工業物聯網導入的影響，將會有利於新產品功能、整合功能產品的銷售發展。此外，人工智慧、大數據等技術發展，有利於套裝軟體在數據的整合儲存等系統銷售與發展。不過，由於人工智慧或物聯網分析持續地需要大量運算資源，中小型企業也會思考是否要運用雲端服務來支持，對於套裝軟體的發展並不利。

　　傳統套裝軟體的授權收入將持續地下降，有賴於新興的雲端服務訂閱服務來支持。事實上，像 Oracle、SAP、Microsoft 等全球大型軟體業者已經大幅提高雲端服務的費用。例如：SAP 雲服務已有 25%以上占比、Microsoft 雲服務已有 30%以上、Oracle 雲服務更達 66%以上。因此，軟體業者已經不能單靠套裝軟體授權，必須搭配雲端服務收入。例如：AutoDesk 繪圖軟體業者仍然以販賣安裝在電腦上的軟體授權為收入，但是轉為年租式的而非買斷。進一步，透過雲端繪圖工具、繪圖樣本集的服務，來收取新的訂閱服務費用，以創造新的利潤；Microsoft Office 亦轉為訂閱服務。特別是在生產力工具軟體、消費端的軟體均要思考結合雲端服務或善用人工智慧、物聯網技術以強化利潤來源。

4. 資訊委外

　　資訊委外主要的目的在於協助企業解決人力短缺問題，以協助日常 IT 與企業營運，諸如電腦硬體維護、軟體程式設計與客製化或是財務、人事、行銷、帳單等商業流程管理委外。最著名的資訊委外就是印度的資訊委外商。不過，近期由於雲端運算的發展使得降

低企業 IT 人力需求，也使得整體傳統資訊委外的業務萎縮，降低 3% 上下成長率。甚至，電腦硬體維護委外呈現負成長。觀察全球資訊委外商的發展，可以發現以下幾種轉變趨勢：

(1) 轉向系統整合業：資訊委外服務商開始提供企業系統整合、產品服務、顧問諮詢等服務，與系統整合業者競爭。例如：印度 TATA 公司從資訊委外轉型為顧問服務與系統整合商，致力發展人工智慧、物聯網方案與整合服務。

(2) 結合雲端服務發展：有些資訊委外服務商則抓到雲端運算趨勢，結合雲端服務，提供輕量、低人力、智慧化的服務。例如：客服中心提供顧客行銷委外，進一步結合雲端服務、語音助理服務，並藉由大數據進行顧客主動行銷。

(3) 軟體供應鏈合作：這類型資訊委外服務商則更深度地與大型軟體服務廠商、企業合作，協助軟體開發品質提升。

綜合來看，人工智慧、物聯網等新興科技發展對於資訊委外有一定的效益，但資訊委外服務商必須轉變其業務內涵與商業模式。

5. 資訊安全

由於人工智慧、物聯網、雲端運算發展造成資安威脅頻傳，如：Twitter 的用戶密碼洩漏、台積電資安攻擊等。這使得資訊安全更受到重視，也讓資訊安全軟硬體服務更加成長，預估將有 10%以上發展。綜合來看，資訊安全有以下發展趨勢：

(1) 雲端服務化：自從雲端服務開始發展後，資安廠商意識到雲端服務的資安威脅與漏洞，除了協助在虛擬機、資料中心的保護軟體外，也啟用資安雲端服務。一方面協助企業雲端服務應用的保護、一方面善加運用雲端服務進行數據攻擊事件蒐集與分析。現今，趨勢科技、Symantec 均具有資安雲端服務方案並配合企業內資安軟體合作，預估資安雲端服務將佔 5 成以上營收。

(2) 深化人工智慧：結合雲端服務後，資訊安全廠商開始有了大量數據可以累積，自然而然發展人工智慧方案以防禦層出不窮的資安威脅。由於資訊安全攻擊行為更具有一致性的手法與規則並具備較多數據可以蒐集，資訊安全領域亦成為人工智慧技術廠商的練兵場。例如：著名人工智慧廠商 Splunk 即進軍資安領域，透過人工智慧機器學習技術從異常、可疑路徑、頻率對等群組分析和進階關聯找出已知、未知和隱藏的威脅。

(3) 發展物聯網領域：當物聯網應用深入到汽車、工業控制、家庭自動化等環境中，讓相關感測、控制設備暴露在危險數位網路環境中，資安威脅也隨之增加。這使得資訊安全大廠或新興資安廠商均積極布局物聯網安全。由於物聯網設備相對運算能力低，這類方案通常使用輕量軟體植入在設備中，結合雲端服務進行防禦。例如：Karamba Security 透過資安韌體植入於電子發動器中與雲服務偵測，避免未授權登入及車內網路溝通，以防禦攻擊維護車行安全。這類型安全仰賴設備層的保護，也吸引 Intel、ARM 等晶片商布局發展。

（三）全球資服展望

展望 2020 年，受到美中貿易戰的影響，企業呈現保守的投資新態。但在企業對於新興科技期待以及各國政府期望運用人工智慧帶領產業升級，全球資訊軟體暨服務產業將會呈現樂觀成長的態勢。其中，系統整合業、資訊安全業以及雲端服務業將會呈現較高的成長。

表 6-1 新興科技對於資訊暨軟體產業成長影響

新興資訊技術	系統整合	雲端運算	套裝軟體	資訊委外	資訊安全
人工智慧	+++	+++	+	++	+++
物聯網	+++	++	++	+	+++
雲端運算	++	+++	--	++	++
區塊鏈	+		+		++
沉浸式科技			+		

註：＋代表正面影響；－代表負面影響
資料來源：資策會 MIC 經濟部 ITIS 研究團隊整理，2019 年 9 月

二、臺灣資訊軟體暨服務產業展望

儘管受到美中貿易不確定性影響，2019 年臺灣資訊軟體服務業表現亮眼。主要原因來自於臺商回流刺激了資訊系統建置、軟硬體產品與服務實施需求；此外，國內外數位轉型的需求，包括：雲端服務帶動軟硬整合需求、智慧製造、智慧零售等軟硬體與系統整合服務需求發展等，刺激資訊軟體服務業的業務發展。以下分析行業、技術發展機會並分析臺灣資服業展望：

（一）行業發展機會

1. 金融業

臺灣金融業積極發展人工智慧、大數據、金融科技、區塊鏈等新興技術，並具備完整的團隊，發展相關金融應用。例如：運用大數據進行信用風險評估、分析顧客進行精準行銷、客服聊天助理、客戶服務機器人服務等。金融業也較積極地引用人工智慧、大數據、金融科技所需的軟硬體與服務需求，帶動資訊服務業發展。另外，透過流程自動化來協助金融業發展自動化流程亦是主要的數位轉型方案之一。

以目前發展來看，臺灣金融業需要除了系統整合、顧問服務業協助技術的引進外，仍需要能協助金融業協助數位轉型的商業顧問

方案，以協助金融業透過新興技術找到新商業模式與營收發展。臺灣大型金融業者也在 2019 年舉辦金融人工智慧挑戰賽，以協助發掘新商業模式、投資機及培養人工智慧人才。此外，由於人工智慧、大數據需要大量資料，但受到資料保護法的限制，也使得金融業對於數據的取得需要各項異業結盟，例如：零售業、網路服務業等，以取得消費者完整的數據；又例如：臺灣金融業者透過電子看板支付系統與零售店合作以取得消費者購買的紀錄。這需要資訊服務業者的軟硬體提供以及系統整合、金流系統介接等項目，都有可能是資訊服務業潛在的商機。最後，由於臺灣行動支付、小額支付的發展，開始新興的購物外賣服務、零售行動支付服務等，將帶動金融業對支付系統的需求。

2. 醫療業

臺灣具有高品質的醫療業以及健保系統數據，是醫療業發展人工智慧等新興技術的機會。除了金融業外，應屬醫療業是最積極引進人工智慧、大數據的行業。臺灣有幾家大型醫院投入醫療影像人工智慧，也有幾家醫院推出了 AI 門診，可藉助人工智慧輔助判讀醫療影像資料，讓醫生可以有更多時間來了解病患，甚至有機會提前發現病徵，提早進行治療。許多醫療人工智慧判定的數據來源為醫療影像，科技部「醫療影像專案計畫」補助臺大醫學院、北醫、臺北榮總組成跨域、跨機構研究團隊，建置人工智慧訓練用醫療影像標註資料庫。目前已針對心血管疾病、肺癌、轉移性腦瘤、原發性腦瘤及聽神經瘤等重大疾病，建立電腦斷層、血管攝影、磁振造影及 X 光等 5.9 萬個案例醫療影像。一家臺灣大型醫院即運用人工智慧進行加護病房病患的敗血症預測，輔助醫生快速辨認病患可能發生機率，及早治療以免錯過黃金時間。另一家醫院即運用病患腦的影像進行腦瘤判定，以加快醫生判定。其他尚有進行用藥分析、抗藥分析、生長與性早熟分析等不同醫院的人工智慧應用。

除了醫院外，醫療影像標記數據亦可讓新創團隊發展醫療人工智慧技術的機會。例如：一家新創團隊運用臺灣病患臨床資料，建

立血癌預測模型，協助醫師們有效率、客觀的進行臨床診斷決策輔助。另外一家新創公司則運用智慧型手機等智慧裝置連結、透過 App 將數據傳送至雲端進行人工智慧分析，可以讓受測者分析肺功能檢查結果，例如是否罹患氣喘與慢性阻塞性肺疾病等異常疾病進行評估。

從目前臺灣醫療業的科技應用狀況來看，首先積極運用醫療影像人工智慧的數據分析與預測，主要來自於人工智慧公司數據科學家與醫院本身的合作。對於資訊服務業者而言，主要的智慧醫療商機應該來自於醫療設備聯網的軟硬整合機會、智慧行動 App、雲端服務分析產品發展等機會，仍需要資服業者從商業模式、產品發展方式進行發展。資服業者可以從醫療設備、耗材、掛號等方向切入與醫院、設備業等合作，發展醫療業相關智慧應用。中小型醫院、診所如何運用醫療人工智慧或者加入大醫院生態系，亦是資訊服務業者可以協助的地方。

3. 製造業

製造業是臺灣的核心產業，製造業如何運用新興科技進行數位轉型，提升附加價值，是政府、產業關心的問題。在產官學的協助下，臺灣製造業逐步地克服聯網數據蒐集問題，漸漸發展新興人工智慧、大數據、物聯網等方案，也帶動資服業著業務需求。例如：某家螺帽製造商運用人工智慧協助老師傅校調設備，避免疏忽帶來的生產品質問題。不僅能提高生產效率，並提升產品的精確度。特別是螺帽要打進飛機、汽車等市場更需要高品質與精確度的螺帽產品，提升整個生產的附加價值。此外，工具機業者也透過大數據、人工智慧與雲端運算技術，協助其工廠客戶，針對設備進行狀態監視、設備預警、設備預測性維修等服務，以提升產品價值。半導體、光電業者也善用電腦視覺人工智慧技術，運用攝影機來檢測產品瑕疵，以提升產品品質、提高生產良率。

製造業面臨急單、少量多樣的挑戰，必須更頻繁變動產線內容，來因應客製化生產需求，運用人工智慧、物聯網等技術能夠協助彈

性生產且維持品質、生產效率等。以目前導入的狀況，臺灣製造業最積極在於設備稼動率分析、設備維護預測、瑕疵產品檢測等，少數並進行智慧機台參數調整等。細分行業來看，半導體、光電等行業進行智慧化精密控制已施行多年，並持續深化智慧製造發展。工具機、紡織業、塑化業等，已有不少積極地進行單點的人工智慧、物聯網專案發展。這些先行的方案也帶動人工智慧顧問、數據科學家、物聯網設備服務、系統整合等資訊軟硬體與服務需求。

製造業目前的挑戰主要來自於設備老舊不易聯網，又沒有足夠資源來購買昂貴物聯網設備等。目前產官學研發簡易的物聯網盒子以漸漸突破障礙。不過，設備的修改、連結仍需要許多軟硬設備整合商的協助也帶動系統整合服務需求。由於許多尚未智慧化發展的製造業均是中小型企業，需要顧問輔導、數據蒐集協助以及中上下游建構生態系合作發展，是有待克服問題。這樣的需求也有生態系、工廠顧問服務輔導的服務需求；亦有簡便的人工智慧軟硬體、服務等方案需求的需要，產生顧問服務、套裝軟硬體、雲端服務的業務機會。此外，為達到數位轉型必須先行企業電子化，諸如：ERP、MES 等系統的建置，也會帶動這方面的資訊服務商機。

4. 零售業

近幾年，臺灣零售業布局新零售，亦不落人後，例如：7-11 XStore 無人商店、全家 App 購物系統。近期臺灣無人商店的實驗結束，便利商店開始導入智慧自動販賣機，打造另一種無人商店模式，例如：OK 便利商店發展 OK mini 商店智慧販賣機、全家便利商店發展自動店內洗衣機服務。智慧自動販賣機需要硬體、軟體、雲端服務整合，也提供一種新的系統整合服務的發展。

此外，由於小額支付系統的發展，許多零售餐飲店開始導入電子看板進行點餐、支付，也可以蒐集顧客消費資訊，以進行大數據系統。另外，臺灣行動支付開始盛行，透過行動 App 購買飲料、外送餐飲服務、點餐等，使得臺灣零售業開始找到新的服務模式來蒐集數據以了解消費者的消費習慣等。在金融業也欠缺消費者數據同

時，可以預見愈來愈多金融業、零售業的共同合作，以建立完整消費者購買數據與消費輪廓。當然，這些資訊流、金流以及軟硬體設備的整合，仰賴資訊服務業者的協助。

相較於其他國家，臺灣大型零售店內蒐集顧客購買行為，並結合消費數據以進行人工智慧或大數據分析的狀況較少。不過，少數幾個百貨公司、大型賣場已經開始導入大數據分析進行顧客市場區隔。例如：某家大型百貨超市運用大數據重新打造顧客等級分析，進行關聯性商品推薦，以提高提袋率。另外一家連鎖超市則運用大數據科技，在顧客結帳時立即推薦商品，以刺激新消費。在物聯網的應用上，臺灣零售業較多仍是運用在停車場空位的提醒、找車以及購物導引。例如：一家大型百貨商場即運用物聯網技術進行停車場導引至百貨商場的行動 App 服務；另外一家 3C 賣場，則運用 BEACON 物聯網與行動 App，進行購物導引與促銷商品推薦。在實體店面的體驗上，有一些臺灣零售店開始實施衣服搭配、鞋子大小智慧套量等體驗服務，以提供實體店面體驗服務。

綜合來看，臺灣零售業已經開始發展行動 App 的會員數據蒐集，並積極發展 O2O 線上購買與線下提貨的模式。在零售店面內則以導入電子看板的點餐與支付作業發展為主，實體店面的物聯網顧客行為蒐集則較少。便利商店除了行動 App 外，亦開始試驗智慧自動販賣機。

5. 交通業

在道路交通上，第一個人工智慧執法系統在桃園開始試行。由工業電腦廠商領軍，結合軟體、系統整合廠商，可以在重要的路口進行違規自動辨識、拍照與取締作業。交通部將 2019 年訂為「智慧交通元年」，期望將人工智慧結合資訊及 5G 技術擴大應用在自動駕駛巴士、車流特徵分析、交通事件偵測、交通行為分析等領域，以擴大智慧交通運用並引領軟硬體設備、資訊服務業者、人工智慧廠商的合作。此外，在解決交通壅塞的解決方案上，科技部補助的「城市車流解決方案」透過在路口設置 360 度魚眼攝影機記錄車流，運

用雲端數據分析，可以從影像中辨識貨車、小車、機車等車流並預判車輛行駛方向，即可最佳化自動控制交通號誌，提升車流速度、減少壅塞，該方案不僅在臺灣施行也整套軟硬體技術外銷至東南亞國家。

在公共運輸上，捷運系統具備乘客進出入捷運的流量數據，已經透過大數據來協助進行流量分析、班次調配與調整，以提高最佳的乘客體驗。未來，捷運系統預計也會根據流量分析，結合商品服務，進行推薦。此外，桃園捷運系統亦預計發展軌道維修預測，以更具時效地進行維修，降低人力成本、提高維修效率。

綜合來看，在道路交通上，智慧科技的啟動來自於工業電腦、物聯網廠商結合系統整合服務業者，共同打造智慧交通計畫。在政府部門開始進行各項智慧交通計畫時，將提供資訊服務業者新的商機。資訊服務業者應能積極把握並與物聯網、工業電腦廠商合作，發展相關智慧交通計畫。

6. 農漁牧業

農漁業傳統上並不是資訊服務業主攻行業別，不過，在新興科技的協助下，智慧農漁業具備新的發展空間，並有向外外銷的機會。例如：利用無人機技術，臺南市政府運用影像辨識技術分析災損前後的影像，以協助判定災損面積與狀況，減少爭議也提高災損補助效率。臺灣大學結合新創業者發展智慧施肥技術，透過感測器在農地中蒐集各種環境數據，來預測農作物病蟲害趨勢，也透過人工智慧來自動管理灌溉、噴灑抑蟲劑、開關驅蟲燈和施肥等，並獲得多個國家外銷訂單。茶業改良場於全國各茶區設置微型氣象站，應用物聯網技術，蒐集氣象資訊，並調查茶樹生長趨勢，建置大數據資料庫，透過人工智慧深度學習後，可依不同茶區之茶葉生產週期，建立茶葉產期預估與預警模式，透過手機即時提供茶園調適措施，改變以往都是憑經驗判斷何時該灌溉、施肥及採茶。另一家農場則與電信業服務平台合作，布建各種類農業感測器（如溫溼度、光照、二氧化碳、土壤溫濕度、降雨量等），收集生長環境數據與氣象資料，

預測數農地狀態,並將數據傳送至雲平台,農民可參考數據決定耕作行為,並能根據大數據分析結果,提供改善施肥、用藥等耕種行為建議,降低人事、肥料、農藥資材成本、減少生產風險。

除了農業外,漁牧業也可以進行智慧方案。臺灣一家專業製造家禽肉品的食品加工廠,除了導入 ERP 系統外,開始開發食安追溯系統,落實養殖與食品紀錄。進一步運用自動偵測系統,感測養殖溫度、水質、餵食量,以妥善照顧雞隻。更進一步透過運用大數據爬文、數據分析技術,進行商情分析與商品推薦。

綜合來看,農漁牧業與許多行業一樣,面臨人力缺乏、提升產品品質、擴展市場等數位轉型的需求。透過新興科技可以協助更精準的進行種植與養殖,並能夠減少人力、向外出口。農漁牧業與交通業一樣需要物聯網技術與人工智慧、軟體服務的協助,亦適合資訊服務業者進行顧問輔導、系統整合發展,並具備向外輸出機會。

(二)臺灣資服展望

展望 2020 年,資訊軟體服務業會在數位轉型需求下以及政府推動的智慧升級計畫下,有不錯的發展機會。以下根據前述行業發展機會,進一步針對資服產業進行展望分析。

表 6-2 臺灣資訊暨軟體產業行業機會

行業	系統整合	雲端運算	套裝軟體	資訊委外	資訊安全
金融業	+	+	++	+++	+++
醫療業	++	++	++	++	++
製造業	+++	+	++	+	++
零售業	++	+++	++	++	++
交通業	+++	+++	+	+	+
農漁牧業	+++	+++	+	+	+

註:+代表正面影響;-代表負面影響

資料來源：資策會 MIC 經濟部 ITIS 研究團隊整理，2019 年 9 月

1. 系統整合

　　在金融業上，由於支付發展與零售業合作，會讓不少金融業更具備完整的消費數據，進行消費分析與金融創新服務的發展。對於深耕金融業系統整合業者可以進行數據整合、分析及應用開發服務，以協助金融業者新創服務發展。在醫療業部分，資訊系統整合業除了與醫院合作影像人工智慧分析外，可嘗試基於影像數據上，進一步與物聯網、沉浸式科技結合發展。例如：醫院掛號等候優化、醫院安全等。在製造業上，許多先導大數據、人工智慧計畫將會持續地發展，資訊服務業者除了顧問服務、人工智慧服務外，應進一步地掌握軟硬體系統整合機會，建置營運智慧製造系統。在零售業上，主要的軟硬體整合會是以電子看板、智慧自動販售機等發展機會。零售業行動 App 發展會帶來系統開發及雲服務系統整合機會。在交通業、農漁牧業上，主要來自於政府交通、農漁機構以及相關的補助計畫推動的資訊服務。這兩個行業的特色在於地域廣，需特殊感測器、物聯網設備的部署。系統整合業者應與物聯網設備、晶片商等合作，進一步透過先導計畫，而後能發展外銷拓展的方案輸出規劃。

　　由於目前許多的大數據、人工智慧、物聯網等仍是以專案的形式來進行，若能累積經驗將其套裝軟體化，將是能夠進一步擴展市場的機會發展。例如：零售業行動 App 的產品發展、智慧醫療相關專案產品化、智慧製造人工智慧專案產品化等。資服業者發展新套裝軟體也需思考如何搭配訂閱產品服務、數據分析服務等商業模式，跳脫傳統軟體授權模式，甚至能運用行動 App 搭配原有傳統套裝軟體共同深化市場。

2. 雲端運算與委外服務

　　不論物聯網、大數據分析或人工智慧等，均需仰賴大量運算資源，也給予雲端服務商發展機會。臺灣大型電信服務商亦開始善用這些應用以提升雲端服務運用機會，例如：語音助理服務、智慧農

業服務、智慧交通服務等,均須充分運用雲端服務。展望 2020 年,雲端服務仍會從這些智慧應用服務拉動底層 IaaS、PaaS 服務乃至於數據分析服務的發展。此外,企業直接部署私有雲或將部署於公有 IaaS 服務愈來愈普遍,也將持續帶動伺服器、雲端服務整合、雲端服務的市場成長。在委外服務上,轉型雲端服務的提供亦是臺灣資訊委外業的趨勢,例如:客服中心提供大數據行銷分析、語音助理服務等。展望 2020 年,資訊委外服務將持續加大自身的大數據、人工智慧應用發展,以提供企業客戶更好的委外服務。

3. 資訊安全

隨著愈來愈多行業行動 App 發展、雲端服務應用、物聯網連結應用等,帶來更多的潛在資安攻擊機會。2019 年臺灣首座資安工控系統實驗平台亦發展可以進行模擬駭客入侵工業控制系統並可進行資安攻演練等,顯示物聯網引起的工控安全愈來愈重視。此外,也愈來愈多駭客採用人工智慧技術進行攻擊,使得資安防護工具要愈來愈精巧。許多資訊安全防護軟體,亦開始運用人工智慧演算法進行防護。根據 2018 年企業資安事件顯示,企業內資安事件發生原因首要因素仍然是來自於員工缺乏防護意識,以及利用釣魚郵件、惡意程式、勒索病毒等影響。此外,路由器等產品亦會遭受攻擊進行竄改。例如:臺灣外銷路由器 2018 年即發生在歐洲遭竄改位址,緊急更改韌體提供客戶下載案例。展望未來,資訊安全軟體與服務將愈來愈重視,特別在新興的物聯網資安領域。資訊安全軟體與服務業善用大數據、人工智慧來防範更智慧的資安攻擊亦是未來發展方向。從行業別來看,金融業大舉發展零售、線上金融、支付服務,將會更重視資安服務投資。

附錄

一、中英文專有名詞對照表

英文縮寫	英文全名	中文名稱
ADLM	Application Development Life Cycle Management	程式開發週期管理
AI	Artificial Intelligence	人工智慧
AO	APPlication Outsourcing	應用軟體委外
API	Application Programing Interface	應用程式介面
APS	Advanced Planning & Scheduling System	先進規劃排程
APT	Advanced Persistent Threat	進階持續性威脅
ATM	Automatic Teller Machine	自動存提款機
AR	Augmented Reality	擴增實境
BI	Business Intelligence	商業情報系統／商業智慧
BPM	Business Process Management	商業流程管理
BPO	Business Process Outsourcing	企業流程委外
BYOD	Bring Your Own Device	自攜裝置
CDN	Content Delivey Network	內容遞送服務
CRM	Customer Relationship Management	顧客關係管理
DLP	Data Loss Prevention	資料外洩防護
ERP	Enterprise Resource Planning	企業資源規劃
HPA	High Performance Analytics	高效能運算分析
IaaS	Infrastructure-as-a-Service	基礎服務

英文縮寫	英文全名	中文名稱
ICS	Industrial Control Systems	工業控制系統
IoT	Internet of Things	物聯網
IO	Infrastructure Outsourcing	基礎建設委外
ITO	IT Outsourcing	資訊管理委外
MDM	Mobile Device Management	行動裝置管理
MES	Manufacturing Execution System	製造執行系統
MOM	Message-Oriented Middleware	訊息導向中介服務
NFC	Near Field Communication	近距離無線通訊
NRI	Networked Readiness Index	網路整備度
O2O	Offline-to-Online	線上線下虛實整合
OLAP	Online Analytical Processing	線上分析處理
PaaS	Platform-as-a-Service	平台即服務
PLM	Product Lifecycle Management	產品生命週期管理
POS	Point of Sales	終端銷售系統
RDBMS	Relational DataBase Management System	關聯式資料庫
SaaS	Software-as-a-Service	軟體即服務
SCM	Supply Chain Management	供應鏈管理
SCP	Supply Chain Planning	供應鏈規劃系統
SDN	Software-Defined Network	軟體定義儲存
SDS	Software-Defined Storage	軟體定義儲存
SFA	Sales Force Automation	銷售人員自動化
TMS	Transporation Management System	運輸管理系統

英文縮寫	英文全名	中文名稱
UAP	Unified Analytics Platform	統一分析平台
VAR	Value Added Reseller	加值經銷商
VR	Virtual Reality	虛擬實境
WMS	Warehouse Management System	倉儲管理系統

二、近年資訊軟體暨服務產業重要政策與計畫觀測

（一）歐美

1.歐盟

歐盟雲端（Cloud for Europe）政策

項目	內容
願景或目標	建立歐盟雲端運算信任度，定義公部門對雲端運算的需求和案例，以促進公部門對雲端服務的採用
主要內容	• 補助經費達 980 萬歐元，來自 12 個國家共同參與，將以公部門與業界協同合作的方式來支援公部門雲端運算服務導入 • 確保雲端運算用戶之間實現服務的互通性以及數據的可移植性 • 為提高雲端運算的可信度，支持在歐盟範圍內發展雲端運算服務供應商的認證計畫 • 開發包括保證服務質量的雲端運算服務含同在內的安全且公正的條款

資料來源：Homeland Security，資策會 MIC 經濟部 ITIS 研究團隊整理，2019 年 9 月

歐盟電子化政府行動方案 2016-2020
（European eGovernment Action Plan2016-2020）

項目	內容
願景或目標	電子化政府不僅只是導入科技，並使行政部門從市民與企業的角度來設計，且適時適地提供所需的公共服務，使達到公共行政服務現代化、開發數位內需市場、與市民及企業有更多互動，以提供高品質服務
主要內容	• 利用一些關鍵數位技術（例如連接歐洲基金中的數位服務基礎建設：電子身分證、電子簽名、電子文件交換等）來使公共行政服務現代化 • 透過跨境互通性（Cross-border interoperability）讓市民與企業可以更方便的出入不同國家 • 促進公共行政部門與民間單位和民眾之間的數位互動 • 目前已有 20 項行動將啟動；而後續將會透過一個線上的利益相關者參與平台 eGovernment4EU，讓市民、企業及公共行政部門一同創造並提出新的方案

資料來源：歐盟執委會，資策會 MIC 經濟部 ITIS 研究團隊整理，2019 年 9 月

歐盟 PSD 2（Second Payment Services Directive）

項目	內容
願景或目標	允許第三方服務供應商（TPSP）直接存取消費者銀行的交易帳戶資料庫，更全面消費者行為，提供更效率、便宜的電子支付方案
主要內容	<ul><li>第三方服務供應商（TPSP）可做為支付供應商（PISP）或帳戶訊息提供商（AISP）</li><li>帳戶訊息提供商（AISP）：藉由取得客戶銀行資料分析用戶支出與行為</li><li>支付供應商（PISP）：將消費者各銀行帳戶連結，進行快速有效付款</li><li>過往銀行可以拒絕 TPSP 的訪問請求。在 2015 年後，第三方服務供應商（TPSP）與銀行的互動受到監管，例如須拿到業務牌照、建立新型架構、異常事件報告、風管與內控</li><li>而銀行必須調整原先對客戶的資料封閉心態，因銀行將失去與客戶直接互動的優勢，須重新定其營運模型</li></ul>

資料來源：歐盟執委會，資策會 MIC 經濟部 ITIS 研究團隊整理，2019 年 9 月

歐盟 GDPR（General Data Protection Regulation）

項目	內容
願景或目標	協調整個歐洲的數據隱私、保護並授權所有歐盟公民的數據處理與數據自由
主要內容	<ul><li>數據控制者（Data Controller）對於數據主體（Data Subject）數據收集、使用須透明</li><li>知情與訪問數據的權力（Information and access to personal data）：數據主體有權得知數據處理目的、有權要求接收自身數據</li><li>請求更正與刪除的權利（The right to rectification and erasure）：數據主體有權要求刪除數據、攜帶與移轉數據</li><li>不受自動化決策約束（Automated individual decision-making）：數據主體有權不受人工智慧與大數據分析下自動化決定的約束</li><li>限制處理的權利（The right to Restriction）：要求數據控制者停止處理個人數據</li></ul>

資料來源：歐盟執委會、歐洲數據保護委員會（EDPB），資策會 MIC 經濟部 ITIS 研究團隊整理，2019 年 9 月

2.英國

開放銀行（Open Banking）

項目	內容
願景或目標	• 開放銀行（Open Banking）主張將銀行帳戶資訊控制權回歸消費者 • 由消費者決定帳戶數據存取機構為銀行或非銀行的第三方機構（TPP）
主要內容	• 允許第三方（TPP）透過API串接消費者金融機構資訊 • 使用者利用App將所有銀行入口納入做同一管理。使用者在選擇某銀行入口後App導入該銀行系統進行交易，交易完成後再導回App，這時App會顯示使用者此次消費的現金流出與總體帳戶資產的存款金額 • 透過共享金融數據，消費者詳細了解其帳戶資訊，共容易、無縫管理不同銀行間交易

資料來源：英國金融行為監管局（FCA），資策會MIC經濟部ITIS研究團隊整理，2019年9月

英國資料保護法（Data Protection Act 2018）

項目	內容
願景或目標	個人數據的使用都必須遵循稱數據保護原則的嚴格規則
主要內容	• DPA至今已於英國實行20餘年，奠定英國資料保護法律架構，為接軌歐盟的GDPR，補齊與現行法規落差，2018年制定更現代化與全面性的法律架構，賦予人們更多資料控制權，例如提供移轉或刪除資料的新興權力

資料來源：英國金融行為監管局（FCA），資策會MIC經濟部ITIS研究團隊整理，2019年9月

3. 美國

美國開放資料計畫（The Opportunity Project）

項目	內容
願景或目標	透過聯邦政府資源，把地方資料轉化為線上資料，並且開放給智慧應用的開發者們，使其有辦法為這些地方資料建立分析模型
主要內容	• The Opportunity Project 資料包含犯罪紀錄、房價、教育與政府職缺等，開放美國境內 9 大城市如紐約與舊金山等資料。此外美國聯邦政府也提供一些工具給開發者，方便其進行下一步應用開發。 • 對於將智慧城市、物聯網定位於未來發展的城市來說，此計畫將帶來相當大的幫助。

資料來源：美國小企業創新研究（SBIR）計畫，資策會 MIC 經濟部 ITIS 研究團隊整理，2019 年 9 月

美國安全通訊平台專案（Secure Messanging Platform）

項目	內容
願景或目標	應用區塊鏈（Blockchain）相關技術，打造安全的行動通訊與交易平台。運用分散式訊息骨幹的方式，讓使用者從建立訊息、傳輸訊息、發送與接收訊息等階段都能保障其訊息安全
主要內容	• 階段一：打造去中心化（decentralized）「區塊鏈」技術做為平台骨幹，讓該平台可抵禦監聽和駭客攻擊 • 階段二：持續平台開發、測試與評估，讓平台是可運作的雛型（prototype）階段，計畫時間為期二年，計畫經費最高為 100 萬美金 • 階段三：專注商業化和大規模推廣此平台的運用，此階段增加了去中心化的區塊鏈分散式帳簿系統中用戶的測試與平台的監控

資料來源：美國小企業創新研究（SBIR）計畫，資策會 MIC 經濟部 ITIS 研究團隊整理，2019 年 9 月

（二）亞洲

1. 日本

世界最尖端IT國家創造宣言‧官民資料活用推進基本方針

項目	內容
願景或目標	• 為集中因應日本社會持續邁向超高齡少子化之下，諸如經濟再生、財政健全化、地域活性化、社會安全安心等議題，指定8大領域（①電子行政②健康、醫療、介護③觀光④金融⑤農林水產⑥製造⑦基礎建設、防災、減災等⑧行動）為重點，視2020年為一個階段驗收點的前提下，未來將著眼於橫跨領域的資料協作，推展各領域應採取的重點措施 • 希望成為世界最安全的自動駕駛社會、在各大國際IT相關評比上獲得最佳排名
主要內容	• 由首相官邸於2017年5月決議完成，取代過去自2013年推行的「世界最尖端IT國家創造宣言」 • 打造電子行政的數位政府：遵循無紙化以及「Cloud by Default」原則，施行政府資訊系統改革、以服務為出發點的業務流程再造、行政手續化簡與網路化，期望在2021年使行政成本達到1,000億日圓的削減 • 推動「Open by Design」發展、各領域資料公開、官民間的資訊流通 • 建置跨領域資料協作的平台，包含資料標準化、推廣銀行體系API、農業資料協作、中央及地方各團體對災害情報的共享等 • 促進日本與美國、歐盟及亞太地區、G7等各國間的資料流通、協作 • 確保離島等基礎設施條件較低落地區之超高速寬頻、網路和電信訊號的易達性 • 培育人工智慧、物聯網與資安人才、普及程式設計教育 • 以人工智慧推動高品質、個人化的醫療照護，開發多語言聲音翻譯技術並進行導入實證 • 推廣分享經濟、遠距工作

資料來源：日本首相官邸，資策會MIC經濟部ITIS研究團隊整理，2019年9月

物聯網實證計畫

項目	內容
願景或目標	推動日本物聯網規格成為國際標準
主要內容	• 日本經濟產業省將提供經費補助,擴大進行實證研究,以加速推廣物聯網至各產業領域 • 具體作法是利用智慧工廠(可自機器上的感應器收集資訊以提高生產效率)、人工智慧(不須成本即可計算出最快速的生產方法)等技術,建立城鎮間的工廠可共享資訊,以攜手接單及生產之系統,並藉以推動做為國際標準

資料來源:日本經濟產業省,資策會 MIC 經濟部 ITIS 研究團隊整理,2019 年 9 月

2. 韓國

南韓未來學校發展計畫（Future School 2030 Project）

項目	內容
願景或目標	• 預計在 2030 年之前，於世宗特別自治市完成 150 間智慧校園聚落，總計共有 66 所幼稚園、41 所小學、21 所國中、20 所高中、2 所特殊學校 • 主要驅動政府成立資訊策略計畫 ISP 和專家小組，建置智慧教育平台。建立雲端智慧學習環境，搭載平台承載雲端運算，提供全國所有學校智慧服務
主要內容	• 政府預計花費 23 億美元經費，目標 2030 年實現智慧校園導入建置 • 補貼 5 億美元發展數位教科書，幼稚園、小學、國中、高中之總建築成本為 6,900 萬美元 • 超過 60 個國家參訪該計畫

資料來源：韓國未來創造科學部，資策會 MIC 經濟部 ITIS 研究團隊整理，2019 年 9 月

南韓 ICT 雲端運算發展計畫（K-ICT Cloud Computing Development Plan）

項目	內容
願景或目標	• 第一階段（2016-2018 年）：將國家社會 ICT 基礎設施移到雲端，促進南韓雲端產業發展動能；雲端運算的使用率從目前的 3%成長到 2018 年 30%，並將致力於在未來三年創造新的雲端運算市場，以鞏固產業地位 • 第二階段（2019-2021）：目標在 2021 年韓國成為雲端產業的領先者
主要內容	• 發展以雲作為新型態服務的 ICT 基礎設施，使創意經濟和 K-ICT 戰略及「以軟體為基礎的社會」的目標得以實現。雲將成為實現政府 3.0，即開放、共享、交流和協作的核心價值的關鍵基礎設施，有助於促進機構之間資訊共享和創造開放的溝通和無障礙政府 3.0 的基礎 • 促進雲端產業發展的三大策略，包括公共部門積極主動地採用雲端運算、私營部門增加使用雲、構建雲端產業發展生態系統

資料來源：韓國未來創造科學部，資策會 MIC 經濟部 ITIS 研究團隊整理，2019 年 9 月

南韓智慧電網主要發展重點

項目	內容
願景或目標	<ul><li>藉由建置充電基礎建設與發展商業模式，帶動發展南韓電動車產業</li><li>知識經濟部提出智慧電網之國家發展藍圖，智慧電網試驗與運行計畫於 2020 年完成，到 2030 年達到全國普及</li></ul>
主要內容	<ul><li>智慧電網示範地點為濟州島。示範內容包括電動車相關基礎建設、節能住宅與再生能源等。政府與民間共同出資，計畫預定於 2011 年先設置 200 處電動車充電所</li><li>知識經濟部預計要在 2030 年前增設 27,000 處電動車充電服務場所，屆時南韓國內電動車將達 240 萬台。此外政策上則是提升再生能源供電比例，並提高其輸入大電網之穩定性。發展儲能裝置，以建構新的電力交易系統</li><li>使用電端與供電端之電力供需資訊能雙向溝通，以及電力系統具備即時監控與自動修復能力；並促進用戶進行用電管理、新電價機制的建構與賦予用戶多樣化供電來源之選擇權等</li></ul>

資料來源：韓國知識經濟部，資策會 MIC 經濟部 ITIS 研究團隊整理，2019 年 9 月

《智慧製造研發中長期準則》研發巨量資料、雲端、物聯網等八大技術

項目	內容
願景或目標	• 研發八大智慧製造技術為目標的《智慧製造研發中長期準則》，是將2020年躍升製造業四大強國願景具體化的智慧製造技術開發藍圖，主要方向為促進南韓技術競爭力，並鼓勵策略投資 • 在2020年之前將智慧感測器與物聯網（IoT）等八大智慧製造技術競爭力，提升到先進國家的88%，並且將這些智慧生產方式應用到電子、汽車、機械、重工業等主要製造業，使生產效率能向上提升50%
主要內容	• 研發八大基礎技術：包含智慧感測器、網宇實體系統（Cyber Physical Systems，CPS）、3D列印、節約能源等四項生產系統創新技術，以及物聯網、雲端、巨量資料、全像圖（Hologram）等四個資訊通信技術（ICT）基礎 • 投入經費：預估在2016-2020年，平均每年必須投資832億韓元，預定在5年內透過政府與民間合作，共同投資4,161億韓元 • 個別投資規模：巨量資料為776億韓元、智慧感測器677億韓元、雲端609億韓元等，未來部與產資部將根據技術開發內容的重要性、業種的外溢效果、緊急程度等將預算反應在兩部會的研發項目企畫與投資計畫中

資料來源：未來創造科學部、產業通商資源部，資策會MIC經濟部ITIS研究團隊整理，2019年9月

3. 中國大陸

中國大陸《國家智慧城市（區、鎮）試點指標體系》

項目	內容
願景或目標	- 住建部要求申請試點之城市應對照《國家智慧城市（區、鎮）試點指標體系》制定智慧城市發展規劃綱要，住建部則會根據此評估試點城市 - 該指標體系可分為三級指標，一級指標包含保障體系與基礎設施、智慧建設與宜居、智慧管理與服務、智慧產業與經濟等四大面向
推動主軸	- 智慧城市發展規畫綱要及實施方案、組織機構、政策法規、經費規劃和持續保障、運行管理 - 無線網路、寬頻網路、下一代廣播電視網 - 城市公共基礎資料庫、城市公共資訊平台、資訊安全 - 城鄉規劃、數位化城市管理、建築市場管理、房產管理、園林綠化、歷史文化保護、建築節能、綠色建築 - 供水系統、排水系統、節水應用、燃氣系統、垃圾分類與處理、供熱系統、照明系統、地下管線與空間綜合管理 - 決策支援、資訊公開、網上辦事、政務服務體系 - 基本公共教育、勞動就業服務、社會保險、社會服務、醫療衛生、公共文化體育、殘疾人服務、基本住房保障 - 智慧交通、智慧能源、智慧環保、智慧國土、智慧應急、智慧安全、智慧物流、智慧社區、智慧家居、智慧支付、智慧金融 - 產業規劃、創新投入 - 產業要素聚集、傳統產業改造 - 高新技術產業、現代服務業、其它新興產業

資料來源：中國大陸住建部，資策會 MIC 經濟部 ITIS 研究團隊整理，2019 年 9 月

《關於促進智慧城市健康發展的指導意見》發展目標與重點工作任務

項目	內容
願景或目標	<ul><li>將科學制定智慧城市建設頂層設計列為重點，並要求：「城市人民政府要從城市發展的戰略全域出發研究制定智慧城市建設方案」</li><li>主要目標為 2020 年，建成一批特色鮮明的智慧城市，聚集和輻射帶動作用大幅增強，綜合競爭優勢明顯提高，在保障和改善民生服務、創新社會管理、維護網路安全等方面取得顯著成效</li></ul>
推動主軸	<ul><li>在教育文化、醫療衛生、計劃生育、勞動就業、社會保障、住房保障、環境保護、交通出行、防災減災、檢驗檢測等公共服務領域，基本建成覆蓋城鄉居民、農民工及其隨遷家屬的資訊服務體系，公眾獲取基本公共服務更加方便、及時、高效</li><li>市政管理、人口管理、交通管理、公共安全、應急管理、社會誠信、市場監管、檢驗檢疫、食品藥品安全、飲用水安全等社會管理領域的資訊化體系基本形成，統籌數位化城市執行資訊系統、城市地理空間資訊及建築物資料庫等資源，實現城市規劃和城市基礎設施管理的數位化、精準化水準大幅提升，推動政府行政效能和城市管理水準大幅提升</li><li>居民生活數位化水準顯著提高，水、大氣、雜訊、土壤和自然植被環境智慧監測體系和污染物排放、能源消耗線上防控體系基本建成，促進城市人居環境得到改善</li><li>寬頻、融合、安全、泛在的下一代資訊基礎設施基本建成。電力、燃氣、交通、水務、物流等公用基礎設施的智慧化水準大幅提升，運行管理實現精準化、協同化、一體化。工業化與資訊化深度融合，資訊服務業加快發展</li><li>城市網路安全保障體系和管理制度基本建立，基礎網路和要害資訊系統安全可控，重要資訊資源得到安全保障，居民、企業和政府資訊得到有效保護</li></ul>

資料來源：中國大陸住建部，資策會 MIC 經濟部 ITIS 研究團隊整理，2019 年 9 月

《智慧北京行動綱要》發展目標與重點工作任務

項目	內容
願景或目標	<ul><li>共有八大行動計畫、20項發展目標，並根據發展目標列出51項工作任務項目</li><li>分析其八大行動計畫，可概略分為「智慧應用」及「智慧建設」兩大主軸，「智慧應用」之使用主體有城市、市民、企業、政府等四類</li><li>「智慧建設」範疇則包含資訊網路、服務平台、產業對接、配套措施（法規／資金／人才）等四個項目</li></ul>
推動主軸	<ul><li>建設實有人口資訊系統、深化人口資訊的共用和應用、建立人群流動動態感知網路、建設人口宏觀決策支撐服務體系</li><li>加快建設全路網智慧監控體系、提升車輛的智慧化水準、加強交通資訊服務</li><li>建設智慧城市生命線管理體系、完善分行業的節能監測資訊服務平台、建設智慧土地環境和生態監管體系</li><li>建設城市安全視頻監控網路、建設社會服務管理網格、建設安全生產智慧監管網路、建設食品、藥品安全監管和追溯體系、加強網路安全保障能力建設</li><li>推廣市民卡、加強網路化基本公共服務、加強基層資訊化服務</li><li>引導數位化生活、建設智慧社區、發展智慧的旅遊文化服務</li><li>促進企業深度應用資訊技術、推廣電子商務應用</li><li>促進網路化創業和創新、企業利用資訊技術提升轉型</li><li>建設公眾集成服務體系、推動電子公共服務向基層延伸，建設多級政府決策服務體系、深化機關內部管理資訊化應用、建設高速泛在的公共資訊網路、提升政務資訊網路的性能</li><li>統籌建設物聯網基礎設施、建設一流的資料中心、統籌建設全市便民服務終端網路</li><li>建設城市空間實體視覺化服務平台、建設政務雲計算服務平台、建設物聯網應用支撐平台、建設統一單點登錄用戶認證平台、完善政務資訊資來源資料庫體系</li><li>統籌發展電子商務公共服務平台、統籌建設中小企業資訊化公共服務平台</li><li>推動需求與產業對接、促進產業創新，支撐重點應用、促進產業高端發展、優化科技創新環境</li><li>加強全域領導與部門協同、推動完善資訊化法規和標準、加強資金統籌和企業引導</li><li>完善人力資源發展和高端人才引進機制</li></ul>

資料來源：北京經信委，資策會 MIC 經濟部 ITIS 研究團隊整理，2019 年 9 月

《上海市推進智慧城市建設十三五規劃》發展目標與重點工作任務

項目	內容
願景或目標	<ul><li>到 2020 年，上海資訊化整體水準繼續保持國內領先，部分領域達到國際先進水準</li><li>便捷化的智慧生活、高端化的智慧經濟、精細化的智慧治理、協同化的智慧政務為重點，以新一代資訊基礎設施、資訊資源開發利用、資訊技術產業、網路安全保障為支撐的智慧城市體系框架進一步完善，初步建成以泛在化、融合化、智敏化為特徵的智慧城市</li></ul>
主要內容	<ul><li>深化健康領域資訊化、推進養老服務資訊化、完善資訊無障礙服務</li><li>提升教育資訊化水準、完善就業服務資訊化</li><li>推進文化領域資訊化、拓展旅遊服務資訊化</li><li>提升便捷化出行水準、完善交通智慧化管理</li><li>搭建分享經濟跨界融合平台、推動融合創新經濟門類發展</li><li>鼓勵電子商務創新、推進數位內容產業發展、拓展各領域移動應用</li><li>推動工業互聯網融合創新、提升傳統企業資訊化水準、促進綠色安全生產資訊</li><li>增強城市綜合管理能力、提升市場綜合監管水準、加強基層治理資訊化支撐</li><li>實施環境治理資訊化、促進城市建築管理智慧化、深化水務管理資訊化、深化口岸資訊化、推進燃氣服務運營管理資訊化、加快推進城市管廊資訊化</li><li>深化食品安全管理資訊化、夯實公共安全資訊化</li><li>推進電子政務雲建設、提升政務網路服務能級、創新電子政務建設和管理模式</li><li>提升政務辦事效率、優化公共服務管道</li></ul>

資料來源：上海市人民政府，資策會 MIC 經濟部 ITIS 研究團隊整理，2019 年 9 月

4. 臺灣

5+2 科研計劃

項目	內容
願景或目標	科技研發聚焦五大創新（亞洲矽谷、智慧機械、生技醫藥、綠能科技、國防資安）、循環經濟（石化高值化）與新農業，落實產業創新，引領臺灣新經濟方向與發展模式
主要內容	<ul><li>以臺南沙崙為中心發展「綠能研發中心」</li><li>以臺北的資安、臺中的航太及高雄的船艦做為基地發展「國防產業聚落」</li><li>以物聯網及智慧產品產業為主軸，發展桃園「亞洲矽谷計畫」</li><li>從中研院所在的南港園區、到竹北生醫園區延伸至臺南科學園區，形成線狀聚落的「生技產業聚落」</li><li>以精密機械產業發展最好的臺中地區，再加上臺灣資通訊產業的能量，發展「智慧精密機械聚落」</li><li>推動石化產業與農業智慧化</li></ul>

資料來源：行政院科技會報，資策會 MIC 經濟部 ITIS 研究團隊整理，2019 年 9 月

(三）澳洲

澳洲消費者資料權法（Consumer Data Right）

項目	內容
願景或目標	消費者可以選擇與其值得信賴的金融機構之間進行安全數據共享，提高消費者在產品和服務之間進行比較和切換的能力。鼓勵服務提供商之間的競爭，為客戶提供更優惠的價格
主要內容	• 消費者有權獲得和分享存於金融機構個人資訊 • 允許消費者對金融機構提供的產品進行金融機構同業間比較，如：不同銀行發行的房貸商品 • 消費者有權力不參與資訊分享，如：決定不與第三方共享金融訊息 • CDR 旨在使消費數據為消費者提供益處，而不只是為大型機構提供服務

資料來源：澳洲消費者資料權法，資策會 MIC 經濟部 ITIS 研究團隊整理，2019 年 9 月

三、參考資料

（一）參考文獻

1. 2019年十大策略性科技趨勢, Gartner, 2019年
2. 2018年全球IaaS公有雲服務市場的調查報告, Gartner, 2019年

（二）其他相關網址

1. IMF，https://www.imf.org/external/index.htm
2. HPE，https://en.wikipedia.org/wiki/Hewlett_Packard_Enterprise
3. Microsoft，https://en.wikipedia.org/wiki/Microsoft
4. IBM，https://en.wikipedia.org/wiki/IBM
5. Oracle，https://en.wikipedia.org/wiki/Oracle_Corporation
6. Accenture，https://en.wikipedia.org/wiki/Accenture
7. SAP，https://en.wikipedia.org/wiki/SAP
8. Symantec，https://en.wikipedia.org/wiki/Symantec
9. Amazon, https://en.wikipedia.org/wiki/Amazon_(company)
10. CSC，https://en.wikipedia.org/wiki/DXC_Technology
11. NTT DATA，https://en.wikipedia.org/wiki/NTT_Data
12. Dell，https://en.wikipedia.org/wiki/Dell
13. DevOps，https://en.wikipedia.org/wiki/DevOps
14. RPA，https://en.wikipedia.org/wiki/RPA
15. TCS，https://en.wikipedia.org/wiki/Tata_Consultancy_Services
16. GDPR，https://en.wikipedia.org/wiki/General_Data_Protection_Regulation
17. Coincheck，https://en.wikipedia.org/wiki/Coincheck
18. Binance，https://en.wikipedia.org/wiki/Binance
19. McAfee，https://en.wikipedia.org/wiki/McAfee
20. Skyhigh Networks，https://www.skyhighnetworks.com/
21. VeriSign，https://en.wikipedia.org/wiki/Verisign
22. Blue Coat，https://en.wikipedia.org/wiki/Blue_Coat_Systems
23. Lifelock，https://en.wikipedia.org/wiki/LifeLock
24. 5G，https://en.wikipedia.org/wiki/5G
25. AIOT，https://en.wikipedia.org/wiki/Internet_of_things

26. ICS，https://en.wikipedia.org/wiki/Industrial_control_system
27. APT，https://en.wikipedia.org/wiki/Advanced_persistent_threat
28. Uber，https://en.wikipedia.org/wiki/Uber
29. Airbnb，https://en.wikipedia.org/wiki/Airbnb
30. CNN，https://en.wikipedia.org/wiki/Convolutional_neural_network
31. GAN，https://en.wikipedia.org/wiki/Generative_adversarial_network
32. DeepFake，https://en.wikipedia.org/wiki/Deepfake
33. Style2paints，https://golden.com/wiki/Style2Paints
34. MLPerf，https://mlperf.org/
35. WEF，https://en.wikipedia.org/wiki/World_Economic_Forum
36. Trend Micro，https://en.wikipedia.org/wiki/Trend_Micro
37. Forcepoint，https://www.forcepoint.com/zh-hant
38. RSA，https://en.wikipedia.org/wiki/RSA_(cryptosystem)
39. Radware，https://en.wikipedia.org/wiki/Radware
40. Cisco，https://en.wikipedia.org/wiki/Cisco_Systems
41. Palo Alto Network，https://en.wikipedia.org/wiki/Palo_Alto_Networks
42. LendingClub，https://en.wikipedia.org/wiki/LendingClub
43. Venmo，https://en.wikipedia.org/wiki/Venmo
44. 眾安保險，https://en.wikipedia.org/wiki/ZhongAn
45. 螞蟻金服，https://en.wikipedia.org/wiki/Ant_Financial
46. 騰訊，https://en.wikipedia.org/wiki/Tencent
47. 中國平安，https://en.wikipedia.org/wiki/Ping_An_Insurance
48. RPA，https://en.wikipedia.org/wiki/Robotic_process_automation

國家圖書館出版品預行編目資料

2019 資訊軟體暨服務產業年鑑 /朱師右等作；周維忠總編輯. -- 初版. --
臺北市：資策會產研所, 民 108.09　　面；　　公分. --(經濟部技術處產
業技術知識服務計畫)
ISBN 978-957-581-775-6 (平裝)

1.電腦資訊業 2.年鑑

484.67058　　　　　　　　　　　　　　　　　　108014552

書　　　名：2019 資訊軟體暨服務產業年鑑
發 行 人：經濟部技術處
　　　　　　台北市福州街 15 號
　　　　　　http://www.moea.gov.tw
　　　　　　02-23212200
出版單位：財團法人資訊工業策進會產業情報研究所（MIC）
地　　址：台北市敦化南路二段 216 號 19 樓
網　　址：http://mic.iii.org.tw
電　　話：(02)2735-6070
編　　者：2019 資訊軟體暨服務產業年鑑編纂小組
總 編 輯：周維忠
作　　者：朱師右、高志昕、黃世弘、韓揚銘
其他類型版本說明：本書同時登載於 ITIS 智網網站，網址為 http://www.itis.org.tw
出版日期：中華民國 107 年 9 月
版　　次：初版
劃撥帳號：0167711-2『財團法人資訊工業策進會』
售　　價：新臺幣 6,000 元整
展售處：ITIS 出版品銷售中心/台北市八德路三段 2 號 5 樓/02-25762008／
http://books.tca.org.tw
ISBN：978-957-581-775-6
著作權利管理資訊：財團法人資訊工業策進會產業情報研究所（MIC）保有所有權
利。欲利用本書全部或部分內容者，須徵求出版單位同意或書面授權。
聯絡資訊： ITIS 智網會員服務專線 (02)2732-6517

著作權所有，請勿翻印，轉載或引用需經本單位同意

ICT Software and Service Industry Yearbook 2019

Published in September 2019 by the Market Intelligence & Consulting Institute. (MIC), Institute for Information Industry

Address : 19F., No.216, Sec. 2, Dunhua S. Rd., Taipei City 106, Taiwan, R.O.C.

Web Site : http://mic.iii.org.tw

Tel : (02) 2735-6070

Publication authorized by the Department of Industrial Technology, Ministry of Economic Affairs

First edition

Account No.: 0167711-2 (Institute for Information Industry)

Price : NT$6,000

Retail Center : Taipei Computer Association

        Web Site : http://books.tca.org.tw

        Address : 5F., No. 2, Sec. 3, Bade Rd., Taipei City 105, Taiwan, R.O.C.

        Tel : (02) 2576-2008

All rights reserved. Reproduction of this publication without prior written permission is forbidden.

ISBN: 978-957-581-775-6